LE

LABOUREUR VENGÉ,

OU

COURS SUR L'AGRICULTURE:

Combien l'agriculture est importante ;
pourquoi elle fait peu de progrès ; comment elle en ferait davantage ;

PAR M.-F. CHARVAT,

DE RÉAUVILLE, MEMBRE DE LA COMMISSION DE STATISTIQUE CANTONALE DE GRIGNAN,
AUTEUR D'UN MÉMOIRE SUR LES BOIS COMMUNAUX DE RÉAUVILLE
ET DE TOUTES LES LOCALITÉS DE FRANCE QUI ONT DES BOIS.

Visitasti terram... et multiplicasti locupletare eam.
(Ps. 64.)

PRIX : 1 FRANC.

CLERMONT-FERRAND,

TYPOGRAPHIE DE HUBLER, BAYLE ET DUBOS,
SUCCESSEURS DE M. PÉROL,
RUE BARBANÇON, 2.

1853.

LE

LABOUREUR VENGÉ,

OU

DISCOURS SUR L'AGRICULTURE.

LE
LABOUREUR VENGÉ,

OU

DISCOURS SUR L'AGRICULTURE :

Combien l'agriculture est importante ;
pourquoi elle fait peu de progrès ; comment elle en ferait davantage ;

Par M.-F. CHARVAT,

CURÉ DE RÉAUVILLE, MEMBRE DE LA COMMISSION DE STATISTIQUE CANTONALE DE GRIGNAN,
ET AUTEUR D'UN MÉMOIRE SUR LES BOIS COMMUNAUX DE RÉAUVILLE
ET DE TOUTES LES LOCALITÉS DE FRANCE QUI ONT DES BOIS.

Visitasti terram... et multiplicasti locupletare eam.
(Ps. 64.)

PRIX : 1 FRANC.

CLERMONT-FERRAND,

TYPOGRAPHIE DE HUBLER, BAYLE ET DUBOS,
SUCCESSEURS DE M. PEROL,
RUE BARBANÇON, 2.
1853.

Ce discours a été fait pour être lu dans une séance de la Commission de statistique cantonale, et dans la pensée que le but des Commisions était de s'occuper activement d'agriculture pratique dans les communes.

LE

LABOUREUR VENGÉ,

OU

DISCOURS SUR L'AGRICULTURE.

Messieurs,

« De toutes les professions, dit un grand politi-
» que (1), c'est l'agriculture qui est la plus utile à
» l'homme dans un Etat, qui le nourrit, qui l'enrichit;
» et la force réelle d'une nation est celle qui a pour
» base l'agriculture, parce qu'elle est au-dessus de
» tous les accidents étrangers (2). »

L'agriculture est le premier et le plus nécessaire de
tous les arts. Point d'agriculture, point de pain; point
de pain, point d'hommes, point de société, point de
civilisation, point d'arts. C'est l'état sauvage, si ce n'est
pas le néant.

A présent, Messieurs, je me demande : D'où vient que
l'art le plus indispensable au genre humain fait si peu
de progrès, pendant que tous les autres progressent
autour de lui? N'y aurait-il donc pas quelque moyen
efficace, mais négligé, de l'arracher à son assoupisse-

(1) Frédéric, roi de Prusse.
(2) Lettre à son surintendant.

ment et de l'attacher à cette merveilleuse roue de fortune qui emporte tout le reste dans ses prestigieux mouvements de rapide élévation ?

Cette question, Messieurs, est sérieuse et digne d'occuper nos esprits.

J'ai grande envie d'être court, et j'ai grande crainte d'être long ; soyez assez bons pour m'accueillir avec indulgence et assez patients pour ne pas vous ennuyer.

Je me hâte de vous dire, Messieurs, que je vais avoir l'honneur de vous entretenir de l'importance de l'agriculture, de son état de stagnation et de quelques moyens de l'initier au progrès.

CHAPITRE 1er.

De l'importance de l'agriculture.

L'histoire générale des peuples, Messieurs, fournit de beaux faits qui font le plus grand honneur à l'agriculture.

Les patriarches, ces hommes si justement vénérés, cultivaient la terre, et la Bible nous étonne lorsqu'elle nous parle de leurs richesses.

L'aristocratie romaine cultivait la terre ; c'était à la charrue, vous le savez bien, que la république allait prendre ses généraux d'armées et ses hommes d'Etat. Cincinnatus, deux fois consul et deux fois dictateur, quitte ses bœufs pour gérer les affaires de la république, battre ses ennemis ; reçoit les honneurs du triomphe, et vient reprendre modestement sa charrue. Marius, sept fois consul, plante ses ceps de vigne sur ses coteaux comme un général d'armée range ses soldats en bataille. Le grand Pompée se plaît à ordonner et à surveiller les travaux de ses domaines, et Pline parle des arbres que le premier Scipion avait plantés.

Oui, Messieurs, les belles campagnes d'Italie furent

cultivées par les vainqueurs des nations, et ce fut cette austérité de mœurs qui leur valut la conquête du monde.

L'agriculture fut florissante en Afrique, et c'est elle en partie qui amassa tant de biens dans Carthage.

L'agriculture fut florissante en Egypte; elle fit de ce riche pays un foyer célèbre d'opulence, de science et de civilisation. Dans l'enthousiasme de sa reconnaissance, le peuple égyptien fonda un culte en l'honneur de l'agriculture et déifia Isis et Osiris qui la lui avaient apprise.

L'agriculture fut florissante dans la Grèce. Tout le monde sait à quelle haute civilisation s'élevèrent les Grecs; le beau siècle d'Auguste ne fut qu'un reflet de la savante et splendide Athènes. Eh bien! Messieurs, leurs ancêtres vivaient dans les forêts et dans le brutisme le plus abject, lorsque Ogygès et Cécrops vinrent à la tête d'une colonie d'Egyptiens, les retirèrent des bois, leur apprirent à cultiver la terre, leur bâtirent des villes, les plièrent au joug conjugal et leur apportèrent ainsi la vie et la dignité humaines.

L'agriculture fut florissante dans la Palestine, cette terre classique des merveilles, où coulaient le lait et le miel, pour me servir des gracieuses images de l'historien sacré. Ce pays, admirablement situé, était très-bien cultivé par les Chananéens; il le fut de même par les Hébreux, lorsqu'ils en eurent chassé les peuples primitifs. Plus d'une fois ces derniers furent obligés de prendre les armes pour défendre leurs fertiles plaines et leurs coteaux couverts de vignobles et d'oliviers contre la cupidité et les invasions de leurs voisins.

Les enfants de Cham, expulsés de leur pays natal, portèrent leur belle agriculture sur les côtes occidentales de la Libye, et débordèrent ensuite sur diverses contrées sous différentes appellations; mais tous ces peuples, issus de la même tige, firent prospérer l'agriculture dans les pays où ils s'établirent.

L'agriculture fut florissante dans les Gaules, même

avant l'arrivée des Phocéens; elle le fut encore long-temps après, jusqu'à ce que les guerres eurent dépeu-plé les campagnes; en sorte, Messieurs, que notre belle France fut déjà une autre fois la belle Gaule.

Les Romains venaient y faire le commerce des grains; et lorsque cette formidable nation fut tombée sous l'influence délétère des richesses d'Afrique, notre fertile Gaule devint le grenier de Rome.

Eh! Messieurs, lorsqu'on veut connaître la richesse d'un pays, n'importe lequel, que demande-t-on? On demande tout de suite ces deux choses : Quelle est son agriculture? Quel est son commerce? Ce sont là, en effet, les deux grosses artères qui portent sans relâche le sang, la chaleur, le mouvement et la vie dans toutes les veines d'une nation, d'un département, d'une commune, d'une famille. Etouffez l'agriculture et le commerce, vous coupez du coup les deux carotides des peuples et des Etats.

Exaltons tant que vous voudrez les arts, les métiers, toutes les autres professions; j'y consens, tout est utile; mais quand nous aurons dit qu'elles sont les chevilles de la grosse charpente, l'enduisage des gros murs, la perfection de l'édifice, nous aurons tout dit. L'agriculture et le commerce, voilà les deux grands pivots de la vie sociale; voilà les deux fortes racines nourricières du genre humain; voilà la double caisse où les sociétés prennent toujours et où elles trouvent toujours à prendre.

Toutefois, Messieurs, veuillez bien le remarquer, le commerce n'occupe pas le premier rang; il ne joue qu'un rôle secondaire et dépendant. La terre dit à l'homme : *Si tu me fais produire, tu commerceras.* Conséquemment, le commerce n'est, si je puis le dire ainsi, que comme greffé sur l'agriculture et il ne vit que de sa sève. C'est son enfant suspendu à sa mamelle.

Si la mère se porte bien, l'enfant se porte bien; si la mère est étique, l'enfant est étique, à moins que l'on ne veuille dire que le commerce peut s'alimenter dans les autres pays, ce qui suppose cependant qu'il faut que les autres pays produisent; mais alors la mère n'est plus la mère, ce n'est plus qu'une nourrice à gros gages; la fine graisse d'un peuple passe à l'étranger. Vendons, n'achetons pas; florissante agriculture, florissant commerce, florissante nation.

Je conclus de cet exposé sommaire qu'un peuple, qu'une population qui cultivent bien leurs terres ont entre leurs mains la première et la plus solide richesse; et que, pendant que d'autres perdent leur temps à chercher la pierre fabuleuse de l'or, ils possèdent la vraie: conclusion que je trouve poétisée dans un de nos auteurs français :

> Des trésors de l'Etat la véritable mine
> Est l'art qui produit les moissons.
> (F. DE NEUFCHATEAU.)

Mieux que moi, Messieurs, vous savez que les livres n'ont pas manqué à l'agriculture : théorie, pratique, une branche, une autre branche, elle a toute une riche bibliothèque. Je veux dire par là que beaucoup d'hommes distingués ont cru honorer leurs talents en les lui consacrant. Je ne vous donnerai pas l'ennui de m'entendre vous réciter une longue et froide nomenclature de titres d'ouvrages et de noms propres d'auteurs; je me bornerai à vous nommer quelques-uns des plus marquants, tels que Cicéron, Varron, Caton, Pline, Virgile, Horace, Columelle, Buffon, Bancks, Bradley, Cels, Cretté de Palluel, Creuzé-Latouche, Damburney, Desbois, Dupont de Nemours, Charles Etienne, Liébaud, de Fontanes, Henri David, Delille, Heurtault de Merville, Liger, de Rozier, Rast, Ré, de la Salle, Turbilly, Young, Barbançois, Dandolo, l'abbé de Fontevrault, l'abbé Bexon, l'abbé Chomel, l'abbé Carlier, et notre quasi compatriote Olivier de Serres. Parmi les plus modernes, je vous nommerai seulement

MM. de Gasparin, Dralet, Morel de Vindé, le révérend W. Dikson.

Tous ces hommes éminents ont parlé de l'agriculture avec beaucoup de compétence et de savoir, et leurs écrits, perdus pour l'agriculture générale, lui seraient encore très-profitables aujourd'hui, si quelque patient travailleur les exhumait de la poussière des bibliothèques où ils dorment sur leurs rayons comme des morts dans leur ossuaire, et que, semblable à l'abeille qui butine sur toutes les fleurs pour composer son miel, il prît dans chacun ce qu'il y a de plus certain et de plus utile pour faire de cette fusion d'idées, d'expériences, de découvertes, de méthodes et d'enseignements, un petit traité pratique que l'on pût intituler, sans mentir à la confiante bonne foi du lecteur, le *Vade mecum* du laboureur.

Vous serez de mon avis, Messieurs, ce travail aurait plus de titres à la reconnaissance publique qu'un recueil de feuilletons, un traité sur la politique ou un hymne aux révolutions.

N'avons-nous pas aussi la plupart de nos ordres religieux, tant anciens que nouveaux, depuis saint Benoît et saint Bertin, avec leurs défrichements prodigieux, jusqu'à nos bons trappistes, qui ont prêché d'exemple au peuple dans tous les temps et la bonne agriculture et les vertus chrétiennes, et qui, à force d'intelligence et de travail, ont fait jaillir de grandes richesses du sein d'arides déserts et de friches dédaignées?

Ici, Messieurs, j'ai une belle fleur à placer sur la tête si humble de nos laborieux anachorètes si souvent méconnus et si ingratement dénigrés. L'Italie leur doit la renaissance de son agriculture. Ecoutez l'histoire :

« L'agriculture commença à renaître sous la bêche
» de pieux cénobites, qui se réunirent en faisant du
» travail une des trois règles de leur vocation : *abné-*
» *gation, obéissance, travail*. D'après cette dernière
» obligation, les uns défrichaient les terres incultes,

» les autres copiaient les livres anciens, étudiaient et
» enseignaient. On désigne les terrains qui leur furent
» donnés sous le nom de déserts, *tremi.* Ces pieux
» cénobites, en se vouant aux travaux agricoles et aux
» études des traditions de l'économie rurale des Ro-
» mains, effectuèrent de vastes défrichements qui ser-
» virent à régénérer l'émulation du pays, et furent la
» source 'des richesses de la plupart des ordres reli-
» gieux (1). »

Que font à présent même nos dignes enfants de
saint Bernard dans les plaines incultes et brûlantes de
l'Afrique?

Que font nos héroïques missionnaires catholiques,
Messieurs, au milieu des peuplades sauvages qu'ils
veulent gagner à Dieu et à la civilisation? La plupart
se présentent à elles l'Evangile d'une main et la pioche
de l'autre, et leur apprennent à cultiver leurs déserts
pour pouvoir mieux leur apprendre à sanctifier leurs
âmes.

Et, dans la longue généalogie de nos rois, combien
n'en trouvons-nous pas qui comprirent toute l'importance de l'agriculture et qui s'efforcèrent d'introduire
dans cet art précieux les améliorations et le progrès!

Oui, il est vrai, à une époque de douloureuse mémoire, des armées de barbares courent dans nos pro-
vinces et y portent partout le vandalisme et la mort;
les fléaux dépeuplent le sol; hommes et arts, tout pé-
rit dans ces ouragans furieux et plusieurs fois renou-
velés; la France est sous un immense voile de deuil.
Plusieurs siècles s'écoulent, plusieurs dynasties s'éteignent, rien n'est plus persévérant que les désastres de
la patrie.

Qui relèvera ces ruines? Qui ranimera ces cendres?
Qui suscitera un peuple de travailleurs pour moisson-
ner encore sur ces lagunes, ces bois et ces savarts ina-

______

(1) *Encyclopédie du* 19e *siècle.*

nimés ? La France paraît être condamnée à n'être plus la France.

Arrivent pourtant enfin deux hommes de tête et de cœur, Charlemagne et saint Louis ; tous deux tentent d'infuser un peu de vie à l'agriculture ; mais, semblable à un corps galvanisé, elle ne fait qu'un mouvement convulsif.

François 1er rouvre la porte aux arts, et l'agriculture, depuis longtemps expatriée par les guerres, rentre de l'exil dans son ancien domaine avec les lettres et les sciences.

Mais, Messieurs, voici une phase de gloire pour l'agriculture ; voici Henri IV, le véritable roi du peuple, avec son incomparable Sully. Deux hommes ne se sont peut-être jamais rencontrés aux affaires, voulant plus sincèrement le bonheur de la France. Tous deux aimant les hommes, tous deux doués d'un esprit à conceptions vastes, Henri IV avec son naïf et cordial système de *la poule au pot*, Sully avec sa pittoresque et féconde maxime : *Labourage et pâturage sont les deux mamelles de l'État ;* tous deux enfin entrent résolument dans la carrière des améliorations agricoles et mettent énergiquement la main à l'œuvre.

Les Maures s'offrent pour dessécher les marais, Henri IV les refuse et réserve tous les avantages de ces opérations à ses sujets. Il fait venir de Hollande le célèbre ingénieur Bradley pour diriger les travaux de dessèchement, rend son mémorable édit de 1599 pour les encourager, propage tous les genres de culture, et particulièrement celle du mûrier.

Le roi, momentanément divisé avec son ministre sur ce point, demande un rapport au vénérable Olivier de Serres, en lui disant qu'il veut « que la France se voye » rédiméede la valeur de plus de quatre millions d'or » que tous les ans il en fallait sortir pour la fournir » des estoffes composées de cette matière, ou de la » matière même. »

La réponse de l'agronome du Vivarais fut si concluante, que Sully se rendit, et les jardins royaux devinrent tout de suite comme autant de champs de mûriers.

L'année suivante, Henri IV envoie le baron de Colonces dans la Provence, le Languedoc et le Vivarais, avec une lettre pour Olivier de Serres, afin que ces deux hommes de bien combinassent ensemble les moyens de réaliser promptement la pensée du roi. « J'apportai telle diligence, dit le savant cultivateur de » Villeneuve-de-Berg, que, au commencement de » 1601, il en fut conduit à Paris jusques à 15 à 20,000, » lesquels furent plantés en divers lieux des jardins » des Tuileries où ils se sont heureusement élevés... » Et pour accélérer et avancer d'autant plus ladite entreprise, et faire cognoistre la facilité de cette manu- » facture, Sa Majesté fit exprès construire une grande » maison au bout de son jardin des Tuileries, accom- » modée de toutes choses nécessaires, tant pour la » nourriture des vers que pour les premiers ouvrages » de la soie. »

Olivier de Serres mérita bien de son pays par son active coopération dans cette importante conjoncture; mais ce qui l'a immortalisé, c'est son *Théâtre de l'agriculture*, ou *Ménage des champs*, qui donna une grande impulsion à l'agriculture en France, et qui est encore aujourd'hui le guide de beaucoup de cultivateurs.

D'un autre côté, Charles Etienne et Liébaud, son gendre, composent leur *Maison rustique*, et le célèbre paysan de Dijon, nature si admirable d'intelligence, apporte son expérience à Paris, et y donne des leçons d'agriculture avec le plus grand succès.

C'étaient là tout autant de feux allumés sur l'horizon de la France, qui chassaient les ténèbres séculaires qui la couvraient; c'était presque une révélation.

Tous ces éléments, fécondés par la grande âme qui

régnait et par le génie de Sully, raniment partout l'agriculture et l'établissent dans un état prospère.

« On peut juger, dit un auteur, des progrès de l'agri-
» culture dans ce court intervalle et de la situation de
» la France à la mort de ce bon roi par l'état brillant
» des finances et de la population. Le récit des dix der-
» nières années de Henri IV et des établissements faits
» sous son règne en faveur de l'agriculture serait peut-
» être le morceau le plus touchant de notre histoire de
» France, s'il était fait de main de maître. »

Quel règne d'abondance et de félicité la France n'avait-elle pas à attendre d'un homme qui avait dit : « Un roi doit avoir pour Dieu un cœur d'enfant, et » pour les hommes un cœur de père ! »

Le règne de Louis XIII s'occupa de toute autre chose que de l'agriculture, et diverses circonstances du règne de Louis XIV favorisèrent mal l'élan qui lui avait été donné sous celui de Henri IV; mais bientôt le génie du grand roi et le génie du grand ministre, unis dans la même pensée de bien public et combinant leurs efforts, brisent les obstacles, créent des débouchés, construisent des routes et des canaux, fondent des colonies; et quoique leur action soit plus élevée, moins spéciale et moins pratique que l'administration de Henri IV et de Sully, ils ne font pas moins marcher l'agriculture dans la voie du progrès.

A l'exemple de Pertinax et d'Amand, Louis XIV accorde les terres délaissées à ceux qui veulent les cultiver sans indemnité aux propriétaires et sans impôt pendant dix ans. Il accorde des priviléges et des subventions à ceux qui dessèchent les marais et qui défrichent les landes. Il renouvelle toutes les inhibitions et défenses qu'avaient faites ses prédécesseurs, relativement aux bestiaux et aux instruments aratoires. Il décrète des peines sévères contre ceux qui pillent et qui dévastent la campagne; il ouvre les forêts aux troupeaux et convie tous les savants à l'aider dans sa noble entreprise. Alors, naturalistes, botanistes, chimistes, économistes, agronomes, tous étudient, tous expérimentent, tous portent quelque chose au trésor commun ; et l'admirable Colbert, qui est partout, se sert de toutes ces découvertes pour régénérer l'agriculture et la faire marcher d'un pas égal avec les sciences et les arts. Louis XIV fit plus, il voulut y ajouter son exemple, et l'exemple de Louis XIV parlait haut : il fit faire une charrue qui est peut-être encore au château de Trianon, si le temps ne l'a pas détruite, et il labourait devant un grand concours de monde. C'était en France, dans ce beau siècle, une imitation de la fameuse fête qui se célèbre tous les ans en Chine, et où l'empereur va ouvrir la saison du labourage en traçant un sillon avec une charrue d'or en présence du peuple, afin d'honorer et d'encourager une profession dont il apprécie toute l'importance.

A propos de ce qui se fait en Chine, vous dirai-je ce qui se fait en Perse? Le souverain est dans l'usage d'inviter tous les ans quelques laboureurs à sa table. Son intention n'est pas douteuse : il veut glorifier l'art dans l'homme qui l'exerce.

Ferai-je une autre réflexion ? Fiers de nos lumières, nous nous croyons les aînés du genre humain, et nous regardons ces pays lointains comme barbares ; or, au moins sous ce rapport, ils sont plus avancés, plus sages et plus politiques que nous.

Louis XV, dont personne ne loue le règne, fit faire 8,000 lieues de routes, établit une société d'agriculture à Paris et dressa plusieurs règlements qui se rapportaient à la conservation des bestiaux.

Louis XVI, qui avait hérité du cœur aimant de Henri IV, et qui affectionnait si vivement son peuple, porte ses vues sur l'agriculture et y dirige l'esprit public. Il reconstitue la société centrale d'agriculture à Paris, restée à l'état d'ébauche sous Louis XV, lui donne un règlement et des membres correspondants dans les départements. Il se crée un conseil intime où étaient Lamoignon, Turgot, Trudaine et Laverdie, pour donner plus de développement et plus d'action à cette société. Il abolit la servitude et la corvée, et fit ouvrir une foule de routes et de canaux. Il établit une ferme expérimentale à son domaine de Rambouillet, et il y allait souvent pour encourager les travaux. Il publie une ordonnance sur la manière de convertir les jachères en prairies, favorise l'introduction des fourrages artificiels et permet le pacage dans les forêts de ses domaines.

Je détache ici une remarque à laquelle l'agriculture a droit. Louis XIV et Louis XVI appellent dans leurs forêts les troupeaux des populations voisines; et les gouvernements multiformes qui ont passé depuis sur la France, se sont armés d'une verge de fer pour les pourchasser au loin. Louis XIV et Louis XVI n'étaient cependant pas des sots; ni les bois ni les moutons n'ont pas changé de nature non plus. D'où peut donc venir cette différence d'administration? Le culte de l'or a remplacé l'amour des peuples dans le cœur des souverains; alors l'ombre du dommage, le scrupule, le prétexte ont grandi à la hauteur d'une loi bourrée d'une rigueur et d'une pénalité inouïes. Et le peuple a été privé de ces usages si précieux pour lui et pour ses terres; cet esprit sec et étroit a été jusqu'à interdire aux communes d'user de cette faculté dans leurs propres biens. La France éclairée du xixe siècle n'a ni assez de bouches ni assez de trompettes pour crier contre ce rigorisme codifié.

Messieurs, nous devons le mûrier à Henri IV et à Olivier de Serres (1); nous devons la culture de la

(1) Le mûrier est venu de la Chine; deux religieux persans, envoyés par Justinien, l'apportèrent à Constantinople sur la fin du 7e siècle (680). Il passa presque immédiatement **en** Grèce; puis en Sicile au 12e siècle; de là en Italie, en Espagne, et enfin il fut introduit en France sous Charles VIII, vers la fin du 15e siècle, à l'époque sans doute de ses excursions **en** Sicile et en Italie. L'usage de la soie était connu en Europe avant l'importation du mûrier. Aurélien défendit à sa femme

pomme de terre, originaire de l'Amérique du Sud, à Louis XVI et à Parmentier (1).

La pomme de terre n'était connue encore que dans quelques contrées du Midi de la France, et on ne la cultivait que pour les bestiaux; le public, trop léger dans sa critique, l'accusait de contenir du poison, d'occasionner des fièvres, etc. Parmentier, plus réfléchi, en fit l'analyse, et il reconnut que non seulement elle ne contenait aucun principe malfaisant, mais qu'elle pourrait servir avantageusement à la nourriture de l'homme; il fit donc paraître son *Examen chimique* (2).

A l'instant, une batterie formidable contre-flambe de tous les points de la France; une grêle de sarcasmes pleut sur Parmentier et sur la pomme de terre. La cour fait écho à la voix générale. Parmentier est seul contre tous; non, Messieurs, le savant chimiste a pour lui la science, la vérité et le roi.

Louis XVI, plus droit, moins passionné que le public, porta un jugement plus sûr que lui sur le végétal dénigré par l'opinion et patroné par Parmentier, et il résista aux entraînements de la critique. Le jour de sa fête, et devant toute la cour, il se fit apporter un bouquet de fleurs de pomme de terre par Parmentier, et lui-même le mit à sa boutonnière,

On le comprend, le précieux tubercule se trouva placé, par ce beau trait de loyauté, sous la protection

de porter des robes de soie (3e siècle). Henri II a porté les premiers bas de soie en France. Sous Henri IV, la consommation de la soie s'élevait à plus de 4,000,000 fr. L'impulsion que ce monarque donna à la culture du mûrier le fit déborder dans nos contrées. Il y a peu de temps que l'on montrait encore à Allan le mûrier que l'on présumait être le premier planté; il est mort dernièrement. C'est la *propagation* de cet arbre précieux que nous devons à Henri IV et à Olivier de Serres.

(1) L'Anglais Drak apporta la pomme de terre d'Amérique en Angleterre en 1563.

(2) 1773.

de la majesté royale, et sortit ainsi victorieux de ses épreuves. Il fallut préconiser ce qu'on avait raillé.

L'infatigable Parmentier ne s'en tint pas là ; il voulut couronner son premier triomphe par un second ; le premier était la courageuse fermeté du souverain, le second fut la preuve matérielle du *fait*. Il donna un dîner, tous les mets furent de pommes de terre, tous jusqu'à la liqueur. La réaction fut consommée. Dès ce moment, la pomme de terre, ce trésor du pauvre, ce vulgaire aliment de tout le monde et cette inépuisable ressource pour la nourriture des bestiaux, fut vengée, prit le nom de son patron, et la France eut une substance alimentaire de plus.

Tout le monde sait pourquoi Louis XVI, *ce plus honnête homme de son temps*, ne put pas faire davantage. Si la révolution n'avait pas arrêté si prématurément ce bon roi dans sa carrière, il est vraisemblable que l'agriculture eût pris de grands développements sous son règne. N'avait-il pas son Sully ou son Colbert dans Malesherbes ? Le ministre, inspiré par son bien intentionné maître, n'eût pas manqué de faire dans toute la France ce qu'il faisait déjà en petit dans ses domaines.

Richelieu, pas le fameux ministre sans doute, passa d'Angleterre en Russie ; l'empereur Alexandre l'accueillit avec faveur, et il le nomma, en 1803, gouverneur général d'Odessa et de ses environs. Cet homme de génie, entre beaucoup d'autres excellentes choses, poussa vivement au défrichement des terres et au perfectionnement de l'agriculture. Odessa avait 4,000 âmes lorsqu'il la prit, et elle en avait 20,000 lorsqu'il la quitta, en dix ans d'administration environ.

Intelligence, *bonne volonté*, puissance, avec ces trois choses, l'homme fait des miracles, et cette thaumaturgie est de tous les temps et de tous les lieux.

Messieurs, lorsqu'on lit l'histoire des nations, on est frappé de ces deux vérités générales : Belle agriculture, prospérité, civilisation, puissance ; mauvaise agriculture, abaissement, ignorance, servilité. Voyons l'Afrique, voyons l'Egypte, voyons la Judée, voyons l'Italie, voyons la Grèce, voyons la France elle-même. Tous ces riches pays ont eu tour à tour leurs phases de grandeur et d'abaissement.

C'est encore une vérité historique que tous les souverains qui ont aimé leurs peuples, et que tous les hommes d'Etat qui ont eu un esprit élevé ont porté, s'ils l'ont pu, leur sollicitude sur l'agriculture.

« Tout, en effet, dit le grand politique déjà cité,
» dépend et résulte de la culture des terres; elle fait
» la force intérieure des Etats; elle y attire les riches-
» ses du dehors. Une fois l'agriculture perdue, plus
» d'industrie, plus de commerce, plus d'arts mécani-
» ques, plus de sciences, plus de bons principes de
» police et d'administration; car tout se tient dans la
» nature et la politique (1). »

Quelle gloire, Messieurs, pour l'agriculture !

Maintenant, forcé-je ma conclusion, en vous disant : Le Créateur a déposé toutes les richesses de l'humanité dans le sein de la terre, c'est à nous à les en faire sortir par la force de notre intelligence et de nos bras? L'agriculture est comme le cœur qui fait circuler la vie dans les sociétés, et, dans tous les pays du monde, le thermomètre de cette profession première est le thermomètre de la fortune publique.

C'est cette vérité de commun bon sens bien comprise qui a réveillé des idées d'agriculture un peu partout en France, dans ces derniers temps, et qui a inspiré un bon nombre de citoyens honorables, qui se sont mis à l'œuvre avec dévoûment.

C'est cette vérité qui a porté l'agriculture en Angleterre à un degré de perfection qui nous devance, et les publicistes anglais affirment que c'est à la prospérité de l'agriculture qu'ils doivent leur prospérité nationale.

(1) Lettre à son surintendant.

Cette allégation nous surprend , parce que nous savons que l'Angleterre a peu de terrain ; mais réfléchissons , et nous croirons.

Faisons-en tout de suite ingénûment l'aveu , l'Angleterre a bien des priviléges que nous n'avons pas. D'abord elle a un bill d'immunité à l'endroit des révolutions ; le monde entier s'écroulerait que pas un éclat ne va la toucher ; toujours elle se trouve bien assise. Le ciel lui fait une belle part : elle contemple en riant, lorsqu'elle n'y met pas la main , les folies et les maux d'autrui.

Ainsi, pendant que nous papillonnons sur des systèmes politiques , les Anglais tournent la forte intelligence qui les distingue vers la culture de leur sol ; ils font des expériences , des améliorations. Ce progrès , rien ne le trouble , rien ne l'altère , parce que rien ne coupe leur vie de nation ; la génération qui s'éteint lègue à la génération qui survit la chaîne avec ses anneaux progressifs , et celle-ci la complète et l'agrandit encore à son tour.

En second lieu, leurs incommensurables possessions étrangères leur fournissent d'incalculables richesses, qui viennent enrichir à chaque heure la mère patrie.

Après cela , Messieurs, leur est-il bien difficile d'élever sur ces fortes assises des manufactures gigantesques, un commerce florissant, de remplir les cinq parties du monde de leurs produits, et d'aller ainsi chercher l'or des autres peuples ?

Sans doute, Messieurs, ce n'est pas son agriculture toute seule qui a élevé ce colossal édifice, mais elle en est la première base et le plus solide ciment. L'agriculture a fécondé le commerce ; le commerce a fécondé l'agriculture, et ces deux grandes sources, en confondant leurs eaux , les ont grossies les unes par les autres, et formé cet imposant fleuve de biens qui coule à pleins bords sous les yeux étonnés des nations.

La paix est la mère de l'agriculture , du commerce

et de l'abondance. Pendant que nous rêvons ou que nous nous battons, nos voisins travaillent; et, pendant que nous nous relevons de nos désastres, ils mettent trésors sur trésors.

Ne soyons donc pas surpris si ce peuple ne voit croître autre chose chez lui que son opulence, et s'il en tire une bonne partie de son sol; étonnons-nous plutôt de ce que la France est encore la France.

Le dirai-je en passant? ce repos social, si favorable au développement de l'agriculture et du commerce, est bien digne d'envie, et il devrait bien, ce me semble, nous dégoûter de tout essai nouveau. Que d'extravagances et de calamités nous avons entassées sur ce char si cahotant qui porte nos destinées depuis plus d'un demi-siècle! que de pensées fécondes et d'entreprises utiles avortées! que de capitaux dépensés! que de produits restés dans le néant! que de trésors perdus! en un mot, quelle riche et navrante hécatombe nous avons offerte au génie des révolutions qui nous tourmente encore, et qui n'est autre chose, pour dire vrai, qu'une vaste arène où les passions déchaînées sont en lutte, sorte de cirque aux lions, dont l'ambition tient la clef!

Notre illustre Empereur a pénétré au fond de notre dédale politique avec cette justesse de coup d'œil qui est chez lui un apanage de famille; il y a saisi cette grande vérité que je vous expose, et il veut l'asseoir sur nos aberrations comme un remède puissant qui nous apportera l'abondance et la guérison d'une partie de nos plaies sociales.

Il ne s'est pas fait attendre; à peine a-t-il eu conjuré les dangers de la patrie, qu'il a institué les commissions cantonales pour être ses yeux, son esprit, son cœur dans toutes les communes de France, afin qu'ainsi multiplié, localisé, présent partout à la fois, il puisse, par elles, s'occuper minutieusement de tout ce qui souffre, de tout ce qui est utile, et surtout de faire marcher à grands pas la première des industries, l'agriculture, vers un état de prospérité qui réponde aux besoins et à la dignité de notre nation (1).

Ses vues ont trop de portée et sont trop dignes de lui, de vous, Messieurs, et de notre beau pays ; oui, nous les seconderons.

Pour mon propre compte, j'aime l'agriculture et l'agriculteur, comme j'aime le soldat qui défend nos vies et nos foyers ; comme j'aime le magistrat qui nous rend la justice et protége l'opprimé ; comme j'aime le notaire qui garde nos fortunes ; comme j'aime le médecin qui guérit nos maux et prévient nos infirmités ; comme enfin j'aime le prêtre qui nous sanctifie et nous préserve de la sauvagerie.

Le travailleur de terre n'est-il pas, en toute réalité, cette roue d'engrenage de la grande manufacture qui, après Dieu, nous dispense la vie ? Eh ! Messieurs, une supposition, qu'un sommeil d'Epiménide prenne tous nos bien-aimés laboureurs le même jour, combien trouveraient-ils d'hommes comme nous à leur réveil ? Qui mieux qu'eux pourrait dire comme les membres dirent à l'estomac :

Il faudrait sans nous..... qu'il vécût d'air?
(LA FONTAINE.)

Oui, Messieurs, l'homme qui se voue par goût et avec ardeur au gros et pénible travail de la terre, et qui consent ainsi à nous prêter ses bras de fer pour épargner les nôtres, et à suer toute sa vie le pain qui nous nourrit tous, oh ! cet homme, s'il est digne d'ailleurs, je l'estime, je l'aime, je le vénère !

Comme moi, Messieurs, vous pensez, j'en suis bien sûr, que nous devons encourager cet homme si utile et si méritant, flétrir tout ce qui le flétrit, combattre tout ce qui le combat, et que ce modeste nourricier de la nation doit avoir sa juste part d'honneur national.

(1) **Si non fuerint saturati, et murmurabunt.** (Ps.)

J'en ai vraisemblablement trop dit sur ce point; vous êtes trop éclairés, aucun de vous ne conteste l'importance de l'agriculture.

CHAPITRE II.

De son état presque stationnaire.

Messieurs, quelque bonnes que soient les intentions du Gouvernement, quelque louable que soit le but que nous voulons tous atteindre, c'est une chose triste à dire, mais il faut la dire, nous allons rencontrer des obstacles. Et qui va jeter des barrages sur notre chemin? Justement ceux à qui nous voulons faire du bien.

Beaucoup de causes entravent la marche progressive de l'agriculture et la tiennent comme enchaînée dans un maigre et funeste *statu quo*. J'en écarte à dessein plusieurs, parce qu'elles ne se lient pas assez bien aux idées que je vais vous soumettre tout à l'heure. Si vous daignez me le permettre, je vous en parlerai un peu plus tard.

Je place en première ligne l'*ignorance* des cultivateurs; la *routine*, l'indomptable routine, vient après.

Le relâchement des mœurs de notre temps en fait une troisième.

J'en trouve une quatrième dans cette *défaveur* et cette sorte de *mépris* qui s'attachent à la condition de laboureur, comme la rouille au fer, dans l'esprit de presque tout le monde.

Enfin, Messieurs, je vous en signale une cinquième bien grave, dans ces déclassements journaliers des campagnes et ces émigrations continuelles de la charrue vers les professions libérales, lorsqu'on a l'espoir d'y atteindre; et vers les états manuels et les industries des gros centres, lorsqu'on se rend assez de justice pour reconnaître que l'on ne peut avoir que des prétentions modestes.

Cette matière est féconde, Messieurs; il n'est pas possible de l'épuiser dans un entretien dont la première condition est d'être court. Je ne ferai donc que l'effleurer, en quelque sorte, à sa surface. Vous m'excuserez, je vous prie, si je m'appesantis un peu davantage sur les déclassements.

Reprenons.

§ Ier. — *De l'ignorance des cultivateurs.*

Messieurs, nos campagnes sont ignorantes; plus de la moitié ne savent pas lire ou ne savent que signer; peu comprennent la langue, et il n'y en a pas un sur mille qui ait une instruction solide. L'enseignement primaire n'a pas encore pu porter le flambeau plus avant; le travail, l'insouciance, la pauvreté, bien d'autres obstacles encore circonscrivent cette portion intéressante de la société dans les sombres régions de l'ignorance.

Toutes les autres professions possèdent les connaissances élémentaires de l'éducation, la plupart ont des connaissances variées, quelques-unes ont une haute et vaste science; toutes font un apprentissage et des études préparatoires, toutes ont les connaissances spéciales de leur profession.

L'agriculture a encore ici l'infériorité : elle ne fait ni apprentissage ni études préparatoires; elle manque donc des connaissances spéciales de son état. Elle n'a que des traditions plus ou moins reprochables; elle marche à l'aventure, et suit niaisement les étroits sentiers battus par les devanciers. C'est de tout point le corps opaque de notre monde social; c'est l'aveugle qui dit au paralytique de la fable :

> Je marcherai pour vous, vous y verrez pour moi.
>
> (FLORIAN.)

Rendons aux Gouvernements passés toute la justice

qui leur est due. Lorsque la politique ne les a pas trop obsédés, ils ont songé à l'agriculture ; seulement ils ont agi dans quelques endroits de la France, et il aurait fallu agir sur toute la France ; car, Messieurs, ce n'est ni une ni plusieurs individualités isolées, ce n'est ni une ni même plusieurs contrées détachées qui produisent des résultats, mais bien la masse des travailleurs.

Ils nous ont légué les *fermes-modèles ;* mais les fermes-modèles, qui va les étudier, qui même va les voir ?

Ensuite, Messieurs, je n'ai pas tenu la comptabilité de ces maisons ; je ne vous dirai donc pas si ce sont les recettes qui sont en hausse sur les dépenses, ou si ce sont les dépenses qui sont en hausse sur les recettes, mais on croit assez généralement que leurs produits n'entretiennent guère l'équilibre dans leur budget.

En troisième lieu, les méthodes qu'elles suivent sont au-dessus de la portée du commun des propriétaires, soit parce que ceux-ci n'ont pas les connaissances qu'elles supposent, soit parce qu'ils ne peuvent pas adapter ces grands procédés à leurs petites propriétés, soit parce qu'ils ne sont pas assez riches pour se procurer un matériel aussi coûteux, soit enfin parce qu'il y aurait folie de leur part à vouloir supporter longtemps les frais de cette fastueuse exploitation.

Fermes-modèles ! C'est dire : Imitez-les ; or, dites au général Tom Pouce, à un Lapon de marcher comme le roi Teutobochus... Nous savons ce qu'il en coûta à la grenouille pour vouloir imiter le bœuf.

Les fermes-modèles manquent le but, parce qu'elles frappent trop haut ; voilà leur vice radical. C'est donc l'apôtre du désert ; c'est donc l'astre qui luit au firmament pendant que tout le monde dort.

Ainsi, Messieurs, compte fait, ces belles institutions, grandioses même, trop grandioses, ne sont dans mon opinion, pour les comparer à quelque chose, que comme ces *éons* ou *déités* dont on a parlé dans d'autres temps, glorieuses de leur propre gloire, heureuses de leur propre béatitude, bonnes tout au plus, si tant est qu'elles soient bonnes à quelque chose, à constituer une vaniteuse aristocratie agricole peu enviée. Quant au reste des propriétaires, elles n'ont pas mis un sac de blé à leurs greniers, pas un tonneau de vin à leurs caves, et n'ont pas donné à *tous* de l'argent pour payer l'impôt d'*un seul*.

Peut-on espérer qu'elles seront mieux appréciées dans l'avenir ? Le passé est prophète et leur horoscope est tout fait. Leur triomphe est torréfié dans son germe ; elles n'ont pas assez d'affinité avec l'agriculture générale ; partant, pas de raison d'assimilation. Elles subsisteront, si on veut les faire subsister, mais elles subsisteront comme le faste chez les grands ; et, au point de vue de l'utilité publique, elles ne seront, dans mille ans, que ce qu'elles sont aujourd'hui, des êtres neutres et improductifs, magnifiquement drapés dans leur manteau d'or.

Pour le cultivateur, l'argent qui ne se reproduit pas est un argent perdu, et l'économie des frais d'exploitation est le premier produit de son domaine, comme elle est le premier aphorisme de sa conduite. Dès lors, il ne peut retirer que peu de chose des fermes-modèles.

Je serais profondément affligé d'avancer ici des choses inexactes ; mais, si mes paroles se trouvaient aussi vraies qu'elles sont vraisemblables, ne vaudrait-il pas mieux employer les fonds subventionnels qu'absorbent ces établissements à encourager l'agriculture, si arriérée dans nos communes pauvres, et vendre le sol qu'ils occupent à des ménages qui ne savent peut-être pas où se placer ? Ici, Messieurs, je frise la témérité, je dois laisser cette résolution administrative à la sage appréciation de nos gouvernants.

Nous avons eu des comités d'agriculture ; les choix étaient bons ; on se réunissait au chef-lieu de l'arrondissement ou du département, on discutait savamment, on écrivait peut-être. On se séparait, et chacun se retirait chez soi. Qu'a-t-on dit? Qu'a-t-on fait? Nos campagnes en ont-elles jamais su un seul mot? — La science demeurait en charte privée; autant valent pour nous ces savants volumes brûlés dans la bibliothèque d'Alexandrie.

Les journaux donnent quelquefois des articles sur l'agriculture. Mais les journaux, qui les lit de nos travailleurs? Puis, Messieurs, cette phraséologie ronflante; puis, ces termes techniques de la science, que l'on ne trouve à peine que dans les dernières éditions de Napoléon Landais; puis, tant de choses que l'on nomme, que l'on ne connaît pas, qu'il faut cependant, et que l'on ne sait où prendre, forment comme une nuée épaisse autour de la tête des plus habiles, et on jette le journal et l'agriculture avec dépit.

D'ailleurs, ces notions sont sans principes, sans liaison, sans ensemble, sans autorité, sans confiance; conséquemment, sans effet. Ce ne sont que de ces météores nocturnes, qui scintillent un instant dans l'air et qui s'éteignent alors qu'ils s'enflamment; encore faut-il dire qu'il n'y a que ceux qui sont à portée de les voir qui s'en aperçoivent, et, parmi ce petit nombre, les neuf dixièmes n'en font aucun cas.

Vous le voyez, Messieurs, l'agriculture est ignorante, et elle doit l'être. Jusqu'ici elle n'a eu pour s'éclairer que la colonne des Hébreux. Comme vous savez, cette colonne portait le jour sur une face et la nuit sur l'autre face; or, l'agriculture a toujours eu le côté sombre; ce n'est qu'à présent que le côté lumineux semble vouloir tourner vers elle.

Comment faut-il que le progrès puisse percer ces ténèbres et rayonner dans ces brouillards? Comment modifier l'homme? Comment régénérer l'art? Comment activer le tout?

Convenons en, Messieurs, si la langueur étreint l'agriculture l'ignorance y a sa belle part. Toutefois.

cette difficulté n'est pas la plus insurmontable; mais je ne vous en dirai pas autant de la *routine*.

§ II. — *De la routine.*

J'entends par *la routine* ce stupide entêtement de vouloir *toujours* faire ce qu'on a *toujours* fait.

Dans les arts et métiers, nous voyons les esprits travailler, s'ingénier, et enfanter tous les jours et nouveaux modes et formes nouvelles; c'est là le perfectionnement. Il y a perfectionnement, parce que les hommes de ces professions ne s'éprennent que du *mieux*, et cela est ainsi parce qu'ils ont des lumières. L'agriculture, au contraire, est ignorante; l'esprit de l'homme est dans la nuit, il ne voit rien; il demeure vide d'idées, sans chaleur, sans action; toujours dans sa froide torpeur, il ne procrée rien. La routine est fille de l'ignorance; mais si l'ignorance est vincible, la routine est presque invincible. Pourquoi cet air de paradoxe? Parce que la routine a deux racines dans l'âme du cultivateur, une dans son intelligence, et une plus mystérieuse et plus tenace dans sa volonté.

J'éprouve de l'embarras, Messieurs, à vous rendre la routine saisissable. Vous dirai-je que, le jour ne se faisant autour du cultivateur que dans un cercle étroit, très-étroit, il s'imagine qu'au-delà de son petit horizon il n'y a que des chimères ou le néant? Je crois, en effet, qu'il y a peu de Christophe Colomb en agriculture.

Vous dirai-je que c'est une paresse d'esprit qui ne veut pas se donner la peine de creuser pour trouver quelque chose de *mieux*, une paresse de volonté qui ne veut pas marcher dans un chemin neuf, une puissance d'habitude qui ramène toujours à l'ordinaire; un attachement secret, impérieux, non raisonné, aux anciennes méthodes, à ce que l'on a toujours vu faire, et à ce que l'on a toujours fait soi-même; un charme puissant qui fascine et qui enchaîne; une crainte de se trouver en décompte, si on abandonne le connu pour l'inconnu, et si on confie légèrement ses espérances, son revenu à des nouveautés ?

Assurément la routine, Messieurs, est tout cela, mais elle est encore autre chose que l'on n'explique pas.

En effet, démontrez, faites toucher au doigt, présentez des résultats matériels, mettez votre interlocuteur à bout d'objections, vous avez alors l'avantage de la position sur lui ; battu, eh bien ! il vous dira : *Je ferai*. Revenez quelque temps après, il n'a rien fait. Eperonnez-le vivement, il vous dira d'un air résolu : *Je ferai, je ferai*. Cette expressive promesse, vous la croyez sincère, effective ; elle signifie : *Je ne ferai rien*.

Reprenez-le en sous-œuvre, aiguillonnez-le bien, il vous dira comme en rougissant : *Oh ! je le veux bien faire ; le temps me manque toujours ; je le ferai, bien sûr*. Vous pensez avoir mis une vraie volonté dans la tête de votre homme ; vous le quittez, il n'y pense plus. Faites des expériences sous ses yeux, montrez-lui par des faits qu'il y a gros à gagner, allez jusqu'à le *prier* ; tout se résoudra, comme par le passé, dans une vague velléité de faire. Si vous n'êtes pas las, insistez ; toujours promesses, toujours inertie.

Impatientez-vous, stimulez, sermonnez plus haut et plus fort ; dites-lui qu'il est un stupide idiot : il ne vous fait pas de réponse, mais il se met à courir à la manière des escargots, dont il a la nature, se retire dans sa coque, s'enferme, et tout est fini par là.

J'en sais quelque chose, Messieurs, j'ai talonné dix ans, et j'ai perdu mon temps (1).

Voici, au surplus, une anecdote que je garantis.

Le fait s'est passé dans les Alpes. Un propriétaire, instruit et fort intelligent, avait entendu dire que le plâtre produisait des effets merveilleux sur les céréales ; il en sema donc au mois de mars sur un carré

______

(1) Noluit intelligere ut benè ageret. (Ps.)

de blé ; il eut une végétation et une récolte magnifiques ; tous ses voisins venaient l'admirer, lui-même le publiait avec enthousiasme.

Vous pensez sans doute, Messieurs, que tous ces propriétaires, qui avaient vu avec leurs *yeux*, leurs propres yeux, ont fait eux-mêmes usage du plâtre l'année d'après sur leurs blés ? Pas un. Mais, du moins, vous jureriez bien que le propriétaire éduqué, qui avait eu la bonne idée de faire un essai du plâtrage, et qui en avait mis le produit extraordinaire dans ses sacs, allait le continuer sans interruption ? Nullement. — Aucun, non, pas un de tous ces bons propriétaires n'a jamais plus fait emploi du plâtre sur ses blés, non plus que s'il avait brûlé la place la première fois.

Avouez-le donc, Messieurs, la routine est quelque impénétrable arcane de la nature humaine chez les cultivateurs ; elle tient, par des liens qui échappent à notre intelligence, à toutes leurs fibres ; elle y est comme tissue dans tout leur organisme. C'est un des plus grands et des plus indestructibles ennemis de l'agriculture. Il n'est pas invincible sans doute, mais il faut des moyens extraordinaires pour en triompher.

§ III. — Du relâchement des mœurs.

Pour être laborieux, Messieurs, il faut être vertueux, et, pour travailler la terre, il faut être l'un et l'autre à un degré éminent.

J'appuie ceci sur l'enseignement de l'histoire.

Qu'arriva-t-il chez le peuple romain, le peuple le plus mâle et le plus cultivateur du monde ? Tant qu'il garda ses habitudes austères, il cultiva son sol avec bonheur, sans distinction de rangs, de talents ni de fortune. Les généraux, les consuls, les dictateurs allaient tailler en pièces les armées ennemies, rétablir l'ordre dans les affaires publiques, raffermir l'état chancelant dans les temps de crise ; et, lorsqu'ils avaient rendu la paix et la sécurité à la patrie, ils recevaient les honneurs du triomphe , déposaient les hauts pouvoirs dont ils avaient été investis avec un désintéressement exemplaire , et venaient se confondre avec les plus humbles travailleurs , à tel point qu'un de leurs historiens nous dit que la terre était fière de se voir labourer par des charrues couronnées de lauriers et des triomphateurs couverts de gloire (1).

C'était dans ce même temps que le sénat présentait aux étrangers le majestueux aspect d'une assemblée de rois.

Mais dès que les armes romaines eurent, si je peux parler ainsi, transvasé l'opulence de Carthage dans Rome, le vertueux et robuste Romain perdit force et courage, s'amollit dans le sensualisme de la cité , trouva le travail de la terre trop pénible, se dégoûta de ses élégantes villas , et abandonna le soin de ses belles campagnes à des esclaves. C'en fut fait de l'honneur de l'agriculture à Rome; et, remarquons-le bien, l'affaiblissement des mœurs , en creusant le tombeau de l'agriculture, creusa le tombeau de la grandeur romaine. — Il fallut venir s'approvisionner dans les Gaules; il fallut se retirer de l'empire du monde; il fallut périr par l'épée des Barbares.

C'est l'histoire d'Alexandre à Babylone, d'Annibal à Capoue , de Carthage vieillie dans l'or et les délices , de tous les hommes, de tous les peuples. Car, partout et toujours, la régularité des mœurs est la mère de la sagesse dans le conseil , de l'énergie dans l'exécution, et des grandes choses ; par la raison contraire , la dissolution des mœurs ne sait produire qu'aveuglement, faiblesse et dégradation.

Allons chercher, Messieurs, où elles sont, ces natures efféminées; mettons-les à un travail rude et assidu ; ou nous les tuerons bientôt, ou nous les lasserons dès la première heure. Oisiveté et joies de la vie, voilà leur élément et leur devise.

(1) Laureato vomere et triumphali aratore.

Non emolliendus animus. Ces paroles de Sénèque sont d'une justesse frappante, en agriculture surtout.

Nous venons de voir comment la décadence des mœurs avait ruiné l'agriculture à Rome, et comment la ruine de l'agriculture avait foudroyé ce peuple géant, qui avait su se donner le monopole de la puissance, et dont on parlera avec surprise jusqu'à la fin du monde. Voyons maintenant ce qui se passe chez nous sous ce rapport.

Sous l'influence du philosophisme, qui s'est emparé de notre nation comme un vertige, et qui a formé presque à lui seul notre esprit public, les causes démoralisantes qui entravent le progrès de l'agriculture se sont multipliées, compliquées, fortifiées les unes par les autres, de telle sorte que nos mœurs nationales ont été profondément atteintes et sont descendues à ce point d'abaissement que l'homme n'adore que ses sens et l'argent, et ce paganisme moderne parade sous le nom trop poli de *civilisation*. Or, l'énervation physique et morale qui s'en est suivie fait que nos Français nés à la charrue n'aspirent qu'aux commodités de la vie, et n'acceptent plus la profession de leurs pères que sous bénéfice d'inventaire.

Donc, Messieurs, entre un travail repoussant et repoussé et la mollesse attrayante de la ville, entre les privations de la campagne que l'on ne veut plus supporter et les jouissances vraies ou fausses des professions urbaines, entre une condition qu'ils se figurent plus honorante et une condition qu'ils se figurent généralement méprisée, ils n'hésitent plus ; une sorte de branle-bas sonne dans le camp des laboureurs, et qui peut fuir, fuit.

§ IV. — *Du mépris de l'agriculture.*

Messieurs, je viens de vous dire que le mépris de l'agriculture procédait de l'affaiblissement de la morale parmi nous ; je crois cette appréciation très-vraie, mais je crois très-vrai également qu'il prend son origine dans les premiers âges de notre nation , et qu'il n'a fait que se renforcer en passant par les épreuves et tous les malheurs de notre siècle.

Nos ancêtres étaient obligés d'avoir presque toujours les armes à la main ; les guerres emportent donc la fleur de la population dans les camps, et le fier Gaulois se passionne pour les armes. Or, un peuple qui se passionne pour la guerre est mauvais cultivateur. De la nécessité de se battre et de la passion des armes, il résulte que la culture de la terre est abandonnée, comme à Rome , à la classe infime et disgraciée de la société. Rien n'est grand dans l'esprit de ce peuple autant qu'un guerrier , rien n'est petit autant qu'un travailleur de terre.

De là , Messieurs, cette humiliation traditionnelle, indélébile, qui a pesé, comme une flétrissure, sur la condition du laboureur, et qui pèse encore aujourd'hui sur elle ; malgré la raison , malgré les siècles. Ilote, paria, laboureur, c'est tout un.

Ainsi , Messieurs, dans l'Italie et dans la France du dix-neuvième siècle, le sensualisme, et, dans les Gaules, le goût effréné des armes dépouillent l'agriculture de son antique splendeur et ne lui laissent que le dédain.

Cet injuste préjugé, les générations se le sont transmis avec le sang ; il a pénétré dans l'opinion générale, et il y a longtemps qu'il est dans nos mœurs comme un mal passé à l'état chronique.

C'est avec ce lourd et ignoble héritage que l'agriculture , nonobstant quelques époques de faveur, est arrivée à la porte de nos révolutions, oppressée , attardée, méconnue ; et celles-ci, en lui levant d'énormes impôts en nature et en argent, en lui tuant ses hommes sur le sillon , l'échafaud ou le champ de bataille, lui ont comme coupé les bras ; en glaçant les esprits de terreur par des scènes de sang et de carnage, lui ont glacé le cœur ; en les occupant de systèmes politiques, de plans de révolutions sans cesse renaissantes , lui ont dérobé l'attention; et, en les nourrissant d'idées d'ambition, d'agrandissement, de richesse, de joyeuse vie, ont faussé les goûts, brouillé les notions, fait bouillir chacun dans sa sphère; et de ce travail trop actif, il est éclos un peuple nouveau, transformé, inquiet, remuant, qui a élevé ses vues et ses espérances jusqu'aux nues, et qui a juré une haine vive et superbe à la peine et à l'agriculture.

Or, Messieurs, depuis 89 jusqu'à l'avènement au trône du grand Prince heureusement régnant, qu'a-t-on fait pour effacer ce stigmate et ce cachet d'ignominie que les préjugés séculaires et actuels ont imprimés sur le front du laboureur? A-t-on fait pénétrer quelquefois sous le toit de son habitation isolée, un rayon d'honneur, de consolation et d'encouragement? Quel rôle a-t-il joué dans notre état social? Le rôle de soldat et d'homme oublié. Je me trompe, Messieurs, on s'est toujours souvenu de lui, de ses noms et prénoms, toutes les fois qu'on a dressé un rôle de contributions. Alors, oui, on l'a visité, palpé, pesé, repesé, fait déménager, exproprié. D'autres ont déjà dit combien de fois on lui avait mangé sa propriété.

Qui du maître ou de l'âne est fait pour se lasser?
(LA FONTAINE.)

C'est tout ce qu'on a eu de plus soyeux à lui dire.

Après tout cela, Messieurs, faut-il bien s'étonner si l'agriculture devient nauséabonde et si on déserte nos campagnes?

L'agriculture est tombée dans l'avilissement, c'est un fait; on n'a pas travaillé à la relever, c'est encore un fait; une atonie générale s'est manifestée dans l'idée et dans la chose, c'est un autre fait. Mais l'opinion commune fait un sophisme que j'ai à cœur de réfuter.

On s'est trop habitué à ne voir que le mauvais côté de la profession du cultivateur, et à fermer entièrement les yeux sur ce qui en fait les agréments; son isole-

ment, ses privations, son gros travail , ses gros vêtements, c'est tout ce qu'on voit ou tout ce que l'on veut
voir, et, sans autre réflexion, on lui envoie un magni-
fique dédain.

Je vous ai dit , comme je l'ai pu , le mérite et l'importance de l'agriculture , cet art premier que l'anti-
quité divinisa ; mais, Messieurs, pour vous dire ses
charmes, il faudrait le génie, le pinceau et les couleurs de Virgile , ou le style enchanteur de Delille , de
Saint-Lambert, de Buffon et de Bernardin de Saint-
Pierre ; j'en suis sincèrement humilié , mais, puisque
j'y suis contraint par la nature de mon sujet , je vous
dirai le peu que j'en sais avec mon humble et pesante
prose.

Seraient-elles donc mensongères, Messieurs , ces
belles inspirations des poètes anciens et modernes qui
ont chanté la vie des champs dans toutes les langues
en vers si riches et si gracieux? Nous aurait-il donc
menti le célèbre et profond philosophe de l'immortel
siècle d'Auguste lorsqu'il nous a dit : *Nihil agriculturâ
dulcius :* rien n'est plus agréable que l'agriculture?
Non, Messieurs, non.

D'abord, la ville et la campagne sont bien loin
d'être dans les mêmes conditions d'hygiène. A la ville,
une atmosphère toujours chargée, infecte, suffocante ;
à la campagne, toujours un air pur, vif et gai. A la
ville, l'art culinaire, avec ses épices et ses poisons ,
ses somptuosités , ses excès , ses obésités , sa cruelle
goutte , ses infirmités précoces, ses palais blasés, ses
dégoûts, ses anesthésies, ses apéritifs, ses toniques ,
ses anétiques , et tout son bagage pharmaceutique ; à
la campagne , le jardin , la basse-cour, le champ et le
verger , la simplicité, la frugalité , des constitutions
normales et bien développées, des tempéraments de
fer, des santés florissantes et des forces musculaires
qui s'augmentent par l'exercice et la fatigue. Voilà ce
qu'on trouve de part et d'autre.

Ainsi, Messieurs , pendant que le citadin stimule ses

sens émoussés, qu'il s'impatiente de ses nausées et de ses insomnies; pendant qu'il s'enfouit dans la matière comme dans un tombeau, qu'il crie contre la podagre et les douleurs; pendant qu'il s'étiole sous ses abat-jour, qu'il se dessèche, qu'il se médicamente, s'arque, vieillit et tombe avant l'heure, notre laboureur travaille bien, mange bien, dort bien; toujours joyeux, alerte et dispos, toujours fort et robuste, il prend et reprend son travail avec un plaisir qui va quelquefois jusqu'à la passion. L'habitude a endurci ses membres, et il ne tient pas compte de la peine.

Si cet homme savait se préserver des imprudences et des accidents, il pousserait sa carrière jusqu'aux dernières limites de la longévité. Il n'est pas rare de trouver dans nos campagnes des vieillards de quatre-vingts et quatre-vingt-dix ans qui vous disent avec une naïve bonhomie qu'ils n'ont jamais eu une colique ni un mal d'estomac.

Voyez nos villes!... Ce n'est que masses ou squelettes ambulants. Voyez nos campagnes!... Quelles natures âpres, souples et solides! Quels teints naturels et fleuris!

> C'est l'homme qui a fait les cités,
> C'est Dieu qui a fait les campagnes.
> (Burns.)

C'est à présent surtout, Messieurs, que je céderais volontiers la parole à un de ces hommes qui savent forcer notre langue à être riche, et qui ont le privilége d'ouvrir ses trésors et d'y prendre à volonté toutes ses richesses, toutes ses couleurs, toutes ses images, pour parer leurs pensées avec pompe et magnificence; alors vous seriez convaincus que la condition des cultivateurs n'est pas aussi glanduleuse ni aussi osseuse qu'on le croit.

Le bourgeois goûte encore un pesant sommeil sur son duvet, et notre laboureur a déjà quitté son repos et sa maison; il assiste, tout en travaillant, au lever du soleil; il contemple avec délices cette majestueuse aurore qui illumine le ciel et ses premiers travaux de ses rayons d'or. Sans le chercher, sans le payer, sans perdre du temps, il prend un bain d'air frais au milieu de la rosée du matin, qui perle en mille gouttelettes sur les feuilles des plantes, et qui se vaporise en légers brouillards tout autour de lui. Ce bienfait spontané d'une bienveillante nature lui rafraîchit le sang, assouplit ses membres et le prépare à affronter la chaleur et la fatigue de la journée.

S'il a les feux du midi, il a ses naïades, ses ruisseaux, ses ombrages, ses climats tempérés, ses tapis de gazon, ses divans de verdure et ses sommes délicieux,

Les villes ont leur éternelle monotonie et leur massacrante oisiveté, leurs ennuis et leurs marasmes qui font de la vie un fardeau; le laboureur n'a pas le temps de s'ennuyer : toujours le travail le presse et l'aiguillonne; il n'a jamais de moments vides, partant il ne languit jamais. C'est le cas de dire que ses jours passent comme l'ombre. Quel lourd poids de moins!

Ne lui reprochons pas son isolement. Le laboureur n'a-t-il pas sa nombreuse famille? Peut-il y avoir pour lui une société plus aimante et plus aimée, surtout si elle est vertueuse et bien disciplinée? Là, au milieu de ces autres *lui-même*, il n'a à redouter ni les artifices de l'hypocrisie, ni les trahisons de la fausse amitié, ni les froideurs de l'égoïsme, ni les pièges de la mauvaise foi; les cœurs s'épanchent tout entiers, et il peut garder ses enfants jusqu'à l'âge de vingt-cinq ou trente ans, tandis qu'à la ville la nécessité de les faire élever et de prendre un état rompt de bonne heure cette délicieuse harmonie de famille; et, si elle ne ravit pas la tendresse à un père, elle lui en ravit du moins la jouissance et le bonheur. Ce père a des enfants, et ils ne sont pas pour lui.

Puis, Messieurs, de quoi sert d'être dans la société aujourd'hui? Les hommes ne s'aiment pas, ils se détestent; ils ne se recherchent pas, ils se fuient; ils ne donnent pas, ils prennent quand ils peuvent. Nous sommes plus près de la barbarie qu'on ne pense ; nous s mmes brutes dans le cœur, parce que nous sommes incrédules dans l'esprit ; nous n'avons plus que des formes. Notre société est absolument comme nos vieux mûriers : le tronc est caverneux , nous ne tenons plus que par l'écorce. Voyez, une partie veut massacrer et dépouiller l'autre ; une partie de l'autre partie en ferait autant si sa position était la même ; c'est le frein, non de la conscience, mais de la fortune, qui la retient (1). Or, entre ces hommes-là et les bêtes des bois je ne peux pas y voir grande différence. Qu'on réfléchisse , c'est le brutisme sous une croûte de civilisation. Est-ce un malheur d'être à distance d'une société pareille? J'ai bien envie de dire que c'est **un** *tant mieux...*

Le cultivateur, quelque isolé qu'il soit , n'a-t-il pas ses voisins, son hameau , son village? La communauté d'intérêts, la similitude d'éducation, d'idées, de goûts, de mœurs, de profession , ne sont-elles pas comme autant de liens qui les rattachent sympathiquement les uns aux autres, et qui font de tous une société d'hommes qui se conviennent? Ceux de la ville ont-ils mieux ? Ils ont moins, car ils ont plus de divergences dans l'éducation , les rangs, les idées, les fortunes, les professions ; et l'individu est souvent *plus seul* dans une ville populeuse que dans une de nos bourgades ; de plus, ce qui est le baume de la vie sociale , il a moins d'ingénuité, de franchise , de cordialité, de bienfaisance et d'abnégation.

Ce n'est pas tout, Messieurs, et c'est ici la face poétique de la vie de la campagne. Le Créateur a tout compensé en ce monde et tout arrangé de manière à ce que personne n'eût à se plaindre. Il a fait de grands frais pour embellir la solitude du laboureur; qu'il passe au nord ou au midi, au levant ou au couchant, partout il trouve des êtres vivants et des compagnons de ses travaux.

(1) Dii fortes terræ vehementer elevati sunt (Ps).

Est-il au milieu de son champ? L'accorte alouette pyramide, plane et chante ses joyeuses tire-lires au-dessus de sa tête, et l'élégante bergeronnette vient se poser derrière ses bœufs et le suit d'un bout à l'autre de son sillon. Est-il dans sa prairie? La frétillante fauvette lui donne, en fringulottant au-dessus de la haie d'aubépine, des séances de gymnastique et de chorégraphie aériennes. Un peu plus loin, c'est le prince de l'orchestre des bois, l'impayable rossignol, qui formule ses notes et ses ravissantes modulations sous l'épaisse feuillée de la colline. Pourquoi en nommer quelques-uns? Au printemps surtout, tout palpite dans le domaine, tout s'épanouit, tout s'évertue, tout jubile. Va-t-il prendre son modeste repas? La mésange et le pinson le savent; ils perchent déjà sur la branche du poirier séculaire qui ombrage le toit, et lui disent et redisent leurs couplets.

Toute la journée il a ainsi les symphonies du vallon et la tendre mélodie du bocage, et les échos de la forêt ou du coteau lui répètent encore ces mille trils qui se confondent et produisent le ramage le plus éclatant et le plus récréatif. Qui n'a pas passé, dans sa vie, une matinée de l'incomparable mois de mai à la campagne, ignore encore ce qu'il y a de plus captivant et de plus parfumé sur la terre. Ici, que la cité se taise, qu'elle ne vienne pas nous parler de ses plaisirs mornes ou bruyants; ce ne sont que des fadeurs en comparaison. Or ce concert d'inimitables harmonies attendrit, réjouit, délasse.

Comment vous traduire tout ce qui se passe dans son âme lorsqu'il voit un beau printemps rouvrir ses trésors, ranimer son domaine, faire reverdir ses blés, faire éclore des milliers de fleurs sur sa tête, sous ses pieds, autour de lui, partout, embaumer ainsi sa solitaire demeure et verser toute sorte de biens sur son héritage; et lorsqu'il voit pousser vigoureusement ses nouvelles plantations; et lorsqu'il voit essaimer ses abeilles et bondir ses troupeaux; et lorsqu'il va cueillir la cerise, la pêche et la poire sur le petit arbre qu'il a greffé ; et lorsqu'il voit une belle moisson onduler sous l'haleine des vents et le convier à une abondante récolte ; et lorsqu'il va visiter la jeune vigne qu'il a plantée et qu'il trouve ses pampres chargés de fruits ; et lorsqu'il fait ses vendanges ; et lorsqu'en automne il a semé son grain et qu'il le voit poindre d'un air hardi et couvrir le guéret ? Ce sont là, Messieurs, autant de choses qui se comprennent, mais il faut être cultivateur pour les sentir et poète pour les peindre.

Lá terre, l'eau, le bois, la basse-cour, l'étable, le toit, tout se peuple, tout s'anime sous la main d'un cultivateur intelligent et laborieux, et une ferme bien organisée est une véritable ménagerie, un panorama vivant, une grande et miroitante optique où l'on ne voit que tableaux mouvants, sites pittoresques, paysages verts, nuances mobiles, animaux, animalcules, générations multiples, formes nouvelles, êtres variés, métamorphoses sans fin, cercle interminable de produits et de jouissances échelonnés sur une série de points successifs qui jalonnent l'année depuis le 1er janvier jusqu'au 31 décembre. On ne peut le contester, le cultivateur vit au milieu des prodiges, dans un monde qui est le monde primitif, le vrai monde, dont il est le roi ; et, j'en ai la certitude, s'il a le goût de sa vocation, il n'échangerait pas sa charrue et ses bœufs pour un diadème.

Que veut-on dire quand on parle de ses privations ?

Messieurs, le laboureur ne violente pas des goûts qu'il n'a pas ; il est sobre, il ne souffre pas. Le premier il a tout, pain, vin, bêtes grasses, volailles, fruits, gibier, tout ; les villes n'ont rien qui ne lui ait passé par les mains ; les villes savent modifier, voilà tout.

Admirons plutôt ici, Messieurs, la merveilleuse disposition de la Providence. La sobriété est imposée au travailleur de terre par la nature, par l'habitude, par son genre de travail, par le besoin de santé, d'aptitude, de vie ; la sobriété du laboureur fait qu'il se dessaisit volontiers de ce qu'il a de meilleur ; s'il était dépensier, vorace, les villes n'auraient rien : *melior est conditio possidentis.*

Au fait, que sont les villes ? Les villes sont le trop plein, l'exubérance du genre humain ; dans le principe, les hommes étaient épars, nomades sur la terre ; ils se multiplièrent, se condensèrent sur certains points, s'étagèrent des maisons ; ils laissèrent leurs pères et leur berceau dans les champs. Sans doute la vie circule dans ces grandes agglomérations de peuple, puisqu'elles subsistent ; mais si elle y a ses grosses veines, elle y a bien aussi ses vaisseaux étroits où elle ne passe qu'en bien s'étreignant et avec une poignante parcimonie. Je veux dire que si les villes ont quelques rares fortunes, elles ont de grandes misères, et qui est malheureux dans la ville est plus malheureux encore que dans la campagne.

L'hiver, si triste pour les villes, n'est pas sans charmes pour les gens de la campagne. La nature se repose, le travailleur se repose ; l'animation de l'été est entrée dans la maison, et le domaine est en paix comme un homme qui dort. Que lui importe que le ciel soit de fer, qu'il fleurisse ses arbres de givre, et que les vents soufflent ? Une nappe de neige couvre ses blés, le grenier est plein, la cave est pleine, le cellier est approvisionné, le laboureur est content. Il répare, en s'amusant, ses instruments d'exploitation, il en fait de neufs ; il prépare les échalas de sa vigne, il antoise ses engrais, il défriche ses broussailles, il coupe du bois, il dit sa chanson, et l'écho qui lui répond lui fait croire à un être vivant qui se réjouit avec lui.

Et la nuit ! oh ! Messieurs, les longues nuits d'hiver n'ont rien de fastidieux pour lui. Qui ne sait combien ces soirées de village sont gaies ? Pendant qu'un grand feu brûle dans le foyer un cercle nombreux l'entoure ; on teille, on file le chanvre, *on ne fait rien ;...* c'est la saison des contes, des jeux et des ris. On vide le flacon de l'amitié, on boit le tonneau du cru ; on festine... La joie est cordiale, parce que dans ce sanctuaire de l'union et de la paix ne sont pas les jalousies, les animosités, les noirceurs, les injustices criantes, les scélératesses, les grands crimes enfin ; les consciences sont candides, légères, peut-être sans remords..., le bonheur y habite.

Mieux que les hommes de bibliothèque, le laboureur peut étudier les merveilles qui l'entourent et se pénétrer de l'existence, de la puissance, de la magnificence et de la bonté de Dieu ; le grand livre de la nature est le plus savant, le plus instructif et le plus persuasif de tous.

Le laboureur est le pontife-né de la nature ; il recueille le parfum des fleurs et des fruits et les hommages muets de ces myriades d'êtres de tous les ordres ponctuellement soumis aux lois qui régissent leurs instincts, et glorifient le créateur à leur manière ; il recueille ces hommages sans âme ; il les anime par la sienne, il les spiritualise par sa raison, les sanctifie par la religion et la prière, et les fait remonter vers l'auteur souverain par la reconnaissance comme un hymne de louange et un encens d'agréable odeur.

Disons-le donc bien haut, Messieurs, afin que ses ineptes détracteurs l'entendent : la vie des champs est la mère de la force, le palladium de la santé et un bail de longue vie. Elle est l'asile des grandeurs déchues, l'arome des disgrâces, des infortunes et des grandes douleurs. C'est une suave et sublime poésie, une douce et sereine extase, une innocente et délectante allégresse de l'âme.... *qui n'est pas brute.*

Celui qui n'aime pas les émotions et les suavités des champs peut dire : *J'ai la tête malade.*

Volontiers je partage l'enthousiasme qui a exclamé ces beaux vers connus de tout le monde :

> O fortunatos nimiùm, sua si bona norint,
> Agricolas ! (Virgile.)

> O fortunés séjours ! ô champs aimés des cieux !
> (Boileau.)

§ V.—*Du déclassement des travailleurs de terre.*

La logique des nations est implacable comme la nature des choses, rigoureuse comme une vérité mathématique, immanquable comme le lever et le coucher du soleil. Les principes du déclassement des campagnes ont été jetés dans les masses; les conséquences en sortent avec une force d'expansion que rien ne peut maîtriser.

Tout ce que je vous ai dit dans le paragraphe précédent vous démontre que, s'il n'est pas raisonnable, il est bien rationnel; aussi est-il incessant; aussi cette virile population rurale, qui se multiplie plus que l'autre, est-elle presque toujours au même niveau, et se voit-elle dans l'insuffisance de pourvoir aux besoins de l'alimentation publique. C'est au point que l'œil de l'observateur en est attristé, pour ne rien dire de plus.

Or, Messieurs, ce malheur engendre deux malheurs: il y a appauvrissement sur un point et accumulation de vitalité sur l'autre point; la terre perd ses bras, et la ville double ses oisifs. Je touche ici à une lèpre cancéreuse qui ronge nos campagnes et corrode notre société. Ce grand mal me pèse trop sur le cœur; permettez-moi, Messieurs, de m'épancher un peu sur ce lamentable abus. Vous avez vécu, vous avez observé; votre sagacité suppléera ce que je ne dirai pas, car, quoique je m'étende un peu longuement, je ne peux ni ne veux tout dire.

Le propriétaire, qui se sent, comme l'on dit vulgairement, les *reins forts*, veut donner du lustre à son nom (1); il veut dans sa famille un notaire, un médecin, un avocat, un juge, n'importe quoi, mais il veut quelque chose qui resplendisse plus que ce qui travaille la terre : sa marotte est de se vernir en bourgeois;

(1) ....Plurimus auro
Venit honos.

c'est son goût. Donc, il envoie au moins un de ses enfants au collége, et ce jour-là il part pour la conquête de la toison d'or.

Les cours élémentaires se paient gaîment, parce qu'il ne commence qu'à puiser encore dans une abondance qui l'inonde, parce qu'il débourse le capital qui doit illustrer son nom, parce qu'enfin il élève la poule fortunée qui lui pondra plus tard des œufs d'or. Son imagination est tout aussi pleine et aussi riante que celle de Perrette. Toute l'année on peine, on sue, on s'escrime dans la maison pour ce rêve doré. La gloriole ne marchande pas avec la gloire.

Viennent ensuite les études spéciales. C'est une faculté de droit ou de médecine ; c'est une grande ville. On a renié sa condition native, il faut en effacer jusqu'à la moindre trace et jusqu'au souvenir. On a embrassé une nouvelle caste, il faut en avoir les goûts, les dehors, les usages, les besoins factices, les habitudes enfin et les mœurs. Tous peuvent bien ne pas travailler, mais il est convenu que tous doivent dépenser, et on dépense... Qui paie? Le domaine. Et la famille? La famille, faisant et ayant un *Monsieur*, et ne rêvant que grandeur et magnificence, ne peut pas se traîner terre à terre ni marcher à l'égal de ses pareils; il faut monter, monter davantage. Qui paie? Le domaine.

Le pauvre domaine, toujours sommé de payer et payant toujours, et payant depuis longtemps, s'exténue comme un visage qui jeûne et se meurt d'atrophie; il ne se travaille plus comme autrefois, car, *pauvre cultivateur, pauvre culture*. Il ne se répare pas, il ne se plante pas, les vieilles plantations s'en vont ; les améliorations sont ajournées, l'ancien appareil d'exploitation décline, tout revêt un air de maigreur, de dépérissement et de décadence; la fistule tire trop...; c'est un être qui s'en va à sa manière, et tous les ans il rend moins.

Fera-t-on comprendre à ce jeune Titan, qui boit frénétiquement la vie et qui s'apprête à escalader le ciel de ce bas monde, que les ressources diminuent dans la maison paternelle, et que la détresse commence à s'y faire sentir, encore que père, mère, frères, sœurs s'immolent *tous* à l'élévation d'*un seul*?

Ce sont

> De ces dieux qui sont sourds, bien qu'ayant des oreilles.
> (LA FONTAINE.)

Ou l'on n'osera rien dire, ou l'on ne voudra rien dire, ou l'on dira pour ne rien dire, et

> La pitance du dieu ne sera pas moins forte.
> LA FONTAINE.)

De son côté, la famille retranchera-t-elle quelque chose à ses dépenses plus ou moins mal raisonnées et plus ou moins mal comprises? Non, pas un iota, pas un atome. Peut-être même que dans un élan de suprême orgueil elle les augmentera encore, soit pour ne pas éveiller des soupçons sur sa gêne et mieux masquer l'anfractueux casse-cou qui se creuse dans l'ombre, soit parce que l'étoffe a pris son pli, et que, dans son ineffable aveuglement, elle s'imagine que sa *grosse* fortune n'aura pas de fin, soit enfin peut-être pour se raidir contre le *sort* et se grandir davantage à mesure que l'on sent que l'on se fait petit.

Alors un autre abîme s'ouvre, c'est celui de L'EMPRUNT.

Frais d'études, frais d'entretien, frais de pension, frais de logement, frais de *menus* plaisirs, frais de grades, frais de voyages, frais de vacances, frais d'exploitation, frais de l'impôt, frais des annuités d'intérêts, frais d'entretien de la maison, frais de tenue de toute la famille, quand est-ce donc que j'aurai dit tous les frais, et surtout quand est-ce que le domaine les aura tous payés? — Nouveaux emprunts.

Cependant, sous l'éclat forcé de ces luxueuses apparences, le domaine pâlit de plus en plus et la maison tremble. Il n'est plus malaisé de s'apercevoir, au travers de ce fracas et de ce désir violent de prendre de la valeur, qu'un ver ronge la racine de la plante sous terre, et qu'une main occulte travaille jour et nuit sous les fondements de la belle habitation. Quelques éclairs, et le ciel tonne : c'est une *expropriation !...* L'alarme est au foyer, tous ces grands courages sont brisés, le sinistre se répercute dans l'âme abattue de la famille, tout le domaine est une réverbération de deuil. Le dénument et l'amour-propre sont aux prises; on voit fondre sa lune de miel, et ce désappointement brûle comme un fer incandescent; on se torture dans les angoisses les plus lancinantes du plus inconsolable désespoir. Le respect dû au caractère paternel n'arrête même plus sur les lèvres des enfants les reproches les plus amers et les mieux mérités. Bref, la catastrophe ne saurait être plus accablante, et ce malheureux père, coudoyé, meurtri, contusionné par le malheur, par ses amis, par les siens, par tout le monde, par la honte, est plus suffoqué sous le poids de son infortune, qu'Atlas portant la voûte du ciel sur ses épaules.

Mais le torrent court tout de même, et il court sans pitié... Et l'éducation préparatoire du jeune homme n'est pas achevée, et la splendide carrière se ferme avec une porte d'airain !...

Que feront-ils maintenant les uns et les autres? Ils n'ont plus une tuile à leur toit, plus une pierre à leur maison, plus un mètre de terre à leur domaine seulement pour s'asseoir et pleurer... Ce n'est pas un incendie qui a passé par là, c'est un tremblement de terre qui a tout englouti... *Tout englouti* n'est pas le mot : il a laissé survivre les personnes pour instruire les autres et subir une grande expiation.

Que feront-ils? La première chose, ils sont la fable et le jouet d'un public malin, aux entrailles de fer, provoqué dans son inflammable jalousie par leurs prétentions trop blessantes, parce qu'elles sont trop exagérées.

> Le cheval s'approchant lui donne un coup de pied,
> Le loup un coup de dents, le bœuf un coup de corne.
>
> (La Fontaine.)

Ils sont flagellés sans miséricorde (1)...

Que feront-ils? Ils feront ce que font des gens déchus, des gens qui n'ont plus rien..., rien, pas même la commisération publique. Ils iront, il faudra bien s'y résigner, ils iront mettre leurs bras au plus offrant, obéir au lieu de commander, valeter, essuyer des duretés et des caprices, travailler sans perdre une heure du jour, sous peine de mourir de faim; et le jeune *Monsieur* tombe du coup sur le pavé, en attendant peut-être qu'on lui prépare un lit dans la prison!...

Qui de vous, Messieurs, n'a pas lu l'histoire de ce berger, voisin d'Amphytrite, qui, séduit par l'éclat des richesses que l'Océan apporte au continent, vendit son troupeau pour faire le commerce des mers, perdit toute sa fortune dans un naufrage, et de Corydon et Tircis qu'il était,

> Fut Pierrot, et pas davantage.
>
> (La Fontaine.)

Or, c'est l'histoire de notre imprudente famille.

Combien d'hommes utiles, égarés par l'orgueil, que la fortune a ainsi foulés du pied, et qui sont aujourd'hui pitoyablement échoués sur la plage orageuse de cette tyrannique reine du monde!

> Il faut se mesurer, la conséquence est nette.
>
> (La Fontaine.)

Je dis plus encore, toujours en faisant parler notre aimable fabuliste :

> Il faut se contenter de sa condition.

Convenons-en, Messieurs, si le père de famille que j'ai amené en scène, ne se fût pas dévoyé du chemin que

---

(1) Cœpit ædificare, et non potuit consummare.

la divine Providence avait tracé devant lui , ne serait-il pas aujourd'hui un riche propriétaire, comme il l'était, et même plus riche qu'il ne l'était? Ne jouirait-il pas d'une grande paix et d'une grande considération? Ne pourrait-il pas placer très-avantageusement toute sa famille? Que faut-il donc de plus au bonheur d'un père ?

> Heureux , cent fois heureux, s'il connaît son bonheur!
> (RIGAUD.)

Et son malheureux fils ne serait-il pas aussi un bon propriétaire? Manquerait-il de quelque chose? Tous seraient dans l'abondance, et tous manquent de tout. C'est un rouage placé de travers qui a rompu tout l'engrenage. O fol orgueil, tu as tout perdu !...

Admettons que les choses ne viennent pas toujours si extrêmes; mais, en toute hypothèse, n'est-il pas vrai que ce système de déclassement en appauvrit *plusieurs* pour en enrichir *un?* N'est-il pas vrai que la bonne culture du domaine languit à cause des fortes sommes que le père est obligé de prélever tous les ans et à chaque heure sur le revenu pour payer les frais inouïs de l'éducation brillante qu'il fait donner à un ou à plusieurs de ses enfants, et que, l'exploitation étant ralentie, les produits ne peuvent plus être les mêmes? N'est-il pas vrai que les études et les titres sont montés, par suite même de l'abus que je signale, à un prix fabuleux, et qu'il faut qu'un père ait d'immenses propriétés et bien productives, ou d'énormes capitaux en réserve, pour pouvoir tout payer sans se ruiner, ou du moins sans bien s'épuiser? N'est-il pas vrai que cette désertion prend à l'agriculture ses bras et son argent? N'est-il pas vrai enfin qu'elle remplit nos villes d'hommes inutiles ou nuisibles?

Il y a aujourd'hui des nuées de sujets élevés comme des nuées de sauterelles; c'est au point que nous avons à présent deux catégories de citoyens français de plus, celle des *solliciteurs* et celle des *pousseurs.*

Cette double espèce s'oriente toujours du côté du budget de l'Etat; et, lorsqu'elle vient à s'abattre, nos gouvernants en sont comme abasourdis. La science occulte ne leur fournit pas assez de secrets pour se préserver de leurs obsessions, et tous leurs exorcismes ne réussissent qu'à grand'peine à les en débarrasser.

Peut-il y avoir des emplois pour tous? Il en est des places comme du gibier: pour une pièce de gibier que nous avons dans nos garennes, il y a vingt chasseurs pour la pister. Donc, quoi que l'on fasse, il ne peut pas y en avoir pour tous; donc, s'il y en a beaucoup qui s'appellent, il n'y en a que bien peu qui parviennent à se faire admettre.

Et sur ce petit nombre d'élus, combien y en a-t-il de nos campagnards? On n'entre dans ces Elysées qu'en proportion du nombre et du crédit des intercesseurs que l'on invoque; cela veut-il dire que les nôtres dominent, qu'ils y soient même en raison des quantités relatives, même suivant le degré de la science et de la capacité? Je me tais; personne ne le sait mieux qu'eux.

Ne parlons pas de ces rares unités d'heureux qui sont parvenus à grimper à la cime du mât de cocagne et à planter leur tente sur ce Thabor parfumé où l'on est si bien; parlons de ces autres heureux, en petit nombre toujours, qui ont pu rencontrer et saisir un titre. Que de tourments, que de privations, que de défaillances dans la maison pour arriver là!

L'enfant a un titre, un diplôme..., mais les talents supérieurs, quelques-uns cela veut dire, travaillent; les autres, peu ou pas. Passe pour ne pas travailler; mais ne dépensent-ils rien? Ne faut-il pas soutenir son rang? Ne faut-il pas mettre quelque chose dans le grand vide de cette vie inoccupée, ne serait-ce que du vent? Or, on dépense, et de plus d'une manière. Ce sont justement ces existences désœuvrées, vrais tonneaux des Danaïdes, qui sont comme des gouffres toujours béants et toujours absorbants. Qui fournit? L'incorrigible et aveugle tendresse d'un père idolâtre, réchauffée par l'amour-propre de la famille, se presse encore, et, semblable au pélican, elle lui envoie ses sueurs, sa substance, son sang.

Ne pourrait-on pas nommer quelques industries plus ou moins injustifiables qui sont appelées au secours de cette savante fainéantise? Je répugne à vous parler de tant de choses qui se rattachent, comme les branches au tronc, à cette calamité publique, même de ces faiseurs de procès qui sont un fléau redoutable pour la société, et en particulier pour nos campagnes.

Que dire de cette multitude innombrable d'éducations et de diplômes qui stationnent pêle-mêle et qui piaffent devant les portiques encombrés de la fortune, sans pouvoir jamais approcher du trône de cette impitoyable souveraine? On finit par se lasser d'attendre, et on prend son parti. Les plus honnêtes et les plus laborieux se portent vers les petits emplois et se disputent une petite place, si petite qu'elle soit, presque rien, comme on se dispute quelques miettes de pain en temps de famine, encore n'y en a-t-il pas pour qui en voudrait. Or, on le comprend bien, dans ces bas étages de la société, même avec du travail et de la conduite, c'est presque la vie affamée de l'enfant prodigue : l'éducation s'y ravale, la vie humaine s'y rétrécit et passe presque à l'état de momie. Quant au diplôme, qui a coûté tant d'argent, de soupirs et de souffrances, il passe à l'état fossile.

D'autres persisteront à vouloir tenir les hauteurs de l'éducation et du génie; ils feront des romans, des feuilletons, écriront quelques pages contre la religion ou la société dans un journal ou une brochure, et, véritables empoisonneurs publics, tueront l'âme d'un peuple pour faire vivre leur corps.

Enfin, tout ce qui reste, et le nombre effraie plus qu'il n'étonne, tombe par le seul poids de ses penchants et de sa misère dans ces bas-fonds de la société, vrai enfer de ce monde, où le génie du mal travaille à refaire la nature humaine et à se l'assimiler. Or, lorsqu'il l'a fait passer par tous les degrés et par toutes les phases de l'élaboration, il sort de cette officine ténébreuse un peuple lucifuge qui n'est ni homme ni bête, et qui est cependant homme et bête; c'est, pour mieux vous le définir, une monstrueuse incarnation d'homme, de bête et de Satan, sorte de spectre vivant plus hideux et plus malfaisant que tous ces monstres fantasmagoriques de la fable.

C'est ainsi, Messieurs, que nos avortons de la fortune vont se transformer, sans que nous nous en doutions, en industriels de toutes sortes, en floueurs de bourses, en forçats, en socialistes, en émeutiers et en égorgeurs. Voilà, et je ne me trompe pas, une des principales pépinières où ils croissent naturellement comme les plantes vénéneuses viennent spontanément dans nos champs.

Mais, me dira-t-on, il y a à la charrue de vraies capacités; la société en a besoin, il faut qu'elles se produisent.

Il y a quelquefois à la charrue des capacités comme ailleurs; oui. La société a besoin de capacités tirées d'une classe de citoyens ou d'une autre, oui; tirées des campagnes, non.

Quand est-ce que la société s'est arrêtée dans sa marche, a souffert dans sa dignité, a manqué de sujets capables de la servir dans n'importe quelle administration depuis le conseil du souverain jusqu'au dernier emploi de la douane? Quand est-ce qu'elle a été obligée de s'enquérir où elle trouverait un Cincinnatus, un Sully, un d'Aguesseau, ou d'autres capacités parmi nos laboureurs pour occuper le sommet et les divers degrés vacants de ses hiérarchies?

J'estime que les hautes conditions pourvoient suffisamment aux hauts emplois, et je n'ai jamais ouï dire qu'il y ait eu chez elles disette d'aptitudes ni de talents. Je crois, au contraire, qu'il y a exubérance et encombrement. Il n'est donc pas besoin d'en appeler d'ailleurs.

Il faut que les capacités se produisent comme des *exceptions*, comme des *raretés*, lorsque le talent est transcendant et que les moyens d'arriver sont comptés d'avance, oui; car l'agriculture manque de bras, et les sujets qui en sortent y font des vides très-fâcheux; de plus, ils vont surcharger les autres classes; deux maux pour un. Admettre la désertion illimitée des campagnes, c'est désastreux pour les familles, pour les sujets eux-mêmes, pour l'agriculture et pour la société.

J'aime mieux un bon travailleur de terre qu'un bon notaire qui ne sera jamais notaire, qu'un bon avocat qui ne sera jamais avocat, ni qu'un bon juge qui ne sera jamais juge. J'aime même mieux, et beaucoup mieux, un bon laboureur qu'un diplomate consommé, s'il ne doit jamais faire que des plans de révolutions ou des dupes.

Le roi de Prusse, dont j'aime à invoquer l'autorité en cette matière, n'hésite pas à dire : « Si j'avais un » homme qui me produisît deux épis de blé au lieu » d'un, je le préférerais à tous les génies politiques. » Vous l'entendez, Messieurs, c'est dit sans équivoque, et l'homme est compétent.

« Vous accorderez donc, Monsieur le surintendant, » continue ce profond politique, une protection aux » campagnes plutôt qu'aux villes. Je regarde les unes » comme des mères nourrices toujours fécondes, et les » autres comme des filles souvent ingrates et stériles. » C'est à la racine que je veux arroser l'arbre, les » villes ne pouvant être florissantes que par la fécon- » dité des champs. Favoriser les arts et négliger l'agri- » culture serait ôter les fondements d'une pyramide » pour en élever le sommet (1). »

Messieurs, je ne suis pas exclusif cependant; je ne veux traquer ni les goûts ni les conditions dans un

____

(1) Lettre à son surintendant.

mur d'airain; je veux pour tous la liberté de sortir, mais je dis : Il n'est pas sage de sortir souvent. Qui est tête doit rester tête ; qui est main doit rester main ; c'est le plan logique de la nature, c'est l'ordre général du Créateur; c'est le bien-être incontestable des sociétés.

Quelques individualités pourront murmurer de ce que je dis ici, mais l'Etat s'en réjouira; je veux le bien sans détours, sans fard, sans préoccupation aucune ; d'utopies, de fantaisies, de convoitises individuelles, je le déclare, je n'en ai ni cure ni souci. Du reste, les faits malheureux sont trop multipliés, ils déposent ; s'il faut acheter les capacités, dont *on peut se passer*, pour gêner, *au prix de tant d'inconvénients et de malheurs*, je dis : Il y a deux fois, trois fois folie à les acheter. Le déclassement n'est plus l'effet d'une liberté sage et bien entendue, mais une déviation blâmable des voies de la divine Providence, une luxation ou une entorse, une plaie ou une contusion qui endolorissent tout le corps.

Pauvres pères de famille ! vous voulez une étoile sur votre nom... Mais voyez donc que d'étoiles filantes !... que de noms décolorés !... Les écueils sont trop nombreux, les passages trop étroits, les chances trop cruelles ; croyez-en une voix amie, *ne risquez pas*. Vous avez du certain, et

> Un *tiens* vaut mieux que deux *tu l'auras*.
> (LA FONTAINE.)

Maintenant, Messieurs, il nous faut prendre les choses comme elles sont; il nous faut accepter l'agriculture avec son lourd bagage, ses ulcères et ses infirmités chroniques. Défaisons-nous des vices, conservons la chose; redressons, polissons, améliorons.

Les causes que je vous ai signalées sont rebelles ; elles défient les moyens ordinaires ; parlons de fort, de siége, d'assaut, et je vais vous proposer mon plan d'attaque.

3*

CHAPITRE III.

De quelques moyens de mettre l'agriculture sur la voie du progrès.

Comment attaquer tout à coup des préjugés enracinés depuis des siècles dans l'âme d'une nation? Comment rompre brusquement des habitudes coulées en bronze dans la nature humaine? Comment saisir l'homme des champs sur une pente où il glisse si rapidement, et l'arrêter, et le faire remonter, et l'éloigner à tout jamais d'un abîme qui l'attire et dans lequel il aime à se laisser tomber? Quel langage particulier faudra-t-il parler à cet homme inculte et défiant pour lui faire comprendre que ses aïeux, dont il révère les méthodes et les errements, ont fait fausse route, et qu'il se trompe comme eux en les suivant? Cet homme, Messieurs, c'est presque Danaé enfermée dans sa tour d'airain; et Nivernais n'a peut-être pas mal traduit ma pensée quand il a dit avec tant de vérité dans sa fable du *Cheval et son maître :*

> Bêtes et gens privés des yeux
> Sont difficiles à conduire.

Je ne me le déguise pas, si l'œuvre est belle, grosse de bons résultats, il n'est pas facile de l'accomplir; il y a là toute une rénovation. Ce n'est pas impossible, voilà mon espoir. Nous ne saurons bien, vous et moi, que le succès est impossible, qu'après l'avoir entrepris; la valeur de la réussite vaut un essai.

Ne perdons pas le temps à calculer les chances d'un plein triomphe, non; mais une chose est certaine dans ma conviction : nous aurons du moins pour nous consoler de n'avoir pas fait tout ce que nous voudrions dans l'ardeur de notre zèle, le mérite de tempérer le principe du mal et de produire de grandes modifications au profit du bien. C'est assez pour le tenter.

Vous le savez, Messieurs, il y a deux puissances dans l'homme, et surtout dans le Français : *le point d'honneur et l'intérêt.* Ces deux leviers, bien maniés, soulèveraient le globe, et nous ne voulons qu'ébranler la France. Que dis-je, Messieurs? je donne beaucoup trop d'importance à mes paroles, nous ne voulons qu'émouvoir notre canton.

Ainsi :

I. Que le centre cantonal, foyer de lumière et de zèle, rayonne sans intermittence sur toutes les communes, et les *impulsionne* fortement vers le but. A coup sûr, ce ne sera pas lui qui faillira à sa mission.

II. Que des primes, aux frais de l'Etat, du département ou des communes, soient accordées aux cultivateurs qui auront le mieux réussi dans les différentes branches d'agriculture que je vais énumérer :

1º Bonne agriculture ;

2º Education des bestiaux ;

3º Luzerne ;

4º Défrichement de landes ;

5º Défoncement de terrain cultivé ;

6º Pépinière de mûriers ;

7º Plantation de mûriers ;

8º Garance ;

9º Plantation de vigne ;

10º Reboisement de terres impropres à la culture des céréales.

III. Qu'un comité local d'agriculture soit formé dans chaque commune pour donner l'exemple des améliorations et pour juger les différents objets présentés au concours ; qu'il prenne pour base de ses appréciations le *mieux* et le *plus*, et qu'il accorde les primes avec une équité sévère, le vainqueur fût-il un ennemi.

IV. Que les primes, *pécuniaires* ou *honorifiques*, soient distribuées au chef-lieu de canton par la commission cantonale avec le plus de solennité possible,

Que le jour de la distribution soit affiché quinze jours d'avance dans le canton et dans les communes circonvoisines du canton ; que les lauréats soient conduits au lieu de la distribution des primes au son du tambour, drapeau en tête, escortés d'un piquet de garde nationale.

V. Qu'une ou plusieurs mentions honorables correspondant au genre de travail soient accordées à ceux des concurrents qui n'ont pas pu gagner la prime, suivant le degré de mérite respectif entre eux.

VI. Que les noms des lauréats et des mentionnés soient imprimés dans un programme de distribution publié dans le journal du département.

VII. Que chaque lauréat ait un exemplaire du programme et qu'il soit couronné par un membre de la commission au moment qu'il recevra sa récompense.

VIII. Qu'au plus tôt possible l'enseignement primaire ait son cours élémentaire d'agriculture pratique.

Je sens, Messieurs, que je me fais une trop large part sur votre temps et sur votre attention ; toutefois, je ne vous ai pas encore dit toute ma pensée.

Nous venons de stimuler le cultivateur dans l'ordre matériel ; à mes yeux, nous n'avons fait, je dirai, que la moindre partie de notre ouvrage. Maintenant, Messieurs, il nous faut entrer dans son âme et transporter nos moyens d'action sur le terrain de la morale.

N'est-ce pas là, en effet, que l'homme est un être plus noble, et par cela même plus digne de notre intérêt? N'est-ce pas là qu'est le flambeau qui éclaire, qui dirige, qui gouverne, qui féconde et conserve tout le reste? Oui, Messieurs, quand le moral d'une famille va bien, la ferme va bien.

En sorte, Messieurs, que moraliser les hommes n'est pas seulement un devoir d'apôtre ou de législateur, mais tous les gens de bien sont solidaires, et qui le peut le doit.

Donc, Messieurs, une prime de sagesse au plus digne père de famille ; que l'année suivante elle soit donnée à la mère la plus exemplaire; la troisième année au jeune homme le plus irréprochable, et la quatrième année à la jeune fille la plus vertueuse; que la cinquième année on revienne aux pères de famille, et ainsi de suite.

On ajouterait au bien public si on étendait la salutaire influence des primes aux pâtres et aux autres domestiques.

Tout le monde le comprend, un comité central d'agriculture à Paris, formé des hommes les plus compétents, qui projettera les irradiations de sa science sur toute le France, comme le soleil à son zénith projette sa lumière sur tout l'hémisphère; des comités correspondants aux chefs-lieux du département, de l'arrondissement et du canton, qui gravitent vers ce centre commun et qui réfléchissent ses clartés à l'instar des planètes; un membre du comité cantonal résidant dans chaque commune rurale, qui deviendra comme le véhicule de la science élaborée dans tous ces différents foyers, oh! Messieurs, de cette manière les connaissances agricoles vont arriver jusque dans nos hameaux les plus reculés.

Cette organisation est logique; elle me plaît d'autant plus qu'elle réalise des idées que j'ai écrites il y a sept ans.

Quel bel édifice on peut élever sur cette belle charpente!

De tous ces corps savants, ainsi échelonnés et reliés étroitement ensemble, la science et l'impulsion viendront dans nos bourgades; et, si l'on veut bien, ce qui serait admirable, lorsque les découvertes, les méthodes, les cultures de la France seraient connues dans nos villages, tout ce qui se fera dans nos villages pourrait être connu dans toute la France. Ce serait un va-et-vient de connaissances qui se perfectionneraient chemin faisant, et qui s'harmoniseraient avec les divergences des localités; ce serait la vie qui circulerait dans toutes les veines, dans tous les vaisseaux, dans tous les tissus capillaires de la France agricole; ce serait, en un mot, la lumière pénétrant par tous les pores de l'art.

Messieurs, l'horizon s'agrandit encore et recule à une distance immense; j'y découvre une autre grande mission.

Aujourd'hui que nous avons une étonnante facilité de communications avec les pays étrangers, le globe terrestre est à nous tout entier; immanquablement les quatre autres parties du monde ont des animaux, des arbres ou des arbustes, des tubercules ou des graines que nous n'avons pas, qui nous seraient utiles et que nous pourrions peut-être acclimater sous notre beau ciel de France. Eh bien! Messieurs, le comité de la capitale pourrait explorer tous ces lieux les plus lointains par les yeux de nos courageux marins, de nos savants voyageurs et même de nos charitables missionnaires; les comités correspondants se chargeraient respectivement de choisir les terres et les climatures les mieux appropriées au caractère et aux propriétés des sujets que l'on voudrait naturaliser sur notre sol, et, en peu d'années, notre agriculture aurait acquis des trésors qu'elle n'a pas. Avoir ces espérances, Messieurs, ce n'est pas spéculer sur de décevantes idéalités.

Mais, Messieurs, je vous exprime ici une de mes doléances, la lumière peut abonder parmi nos cultivateurs et l'agriculture ne marcher encore que d'un pas somnolent. La routine n'est-elle pas là pour tout entraver, tout paralyser? Ne raisonnons pas sur la routine; elle déjoue tous les raisonnements, tous les calculs, toutes les prévisions. Je vous l'ai dit, c'est un mystère. Ainsi, Messieurs, le firmament luira à nous éblouir, et il ne luira que sur des eaux stagnantes, et il ne chauffera que des lacs immobiles. C'est un rocher à rendre malléable; il ne nous faudrait pas moins que la lyre d'Orphée, encore faudrait-il que cette merveilleuse lyre ne fût pas fabuleuse.

Dans cet état de choses, que pensez-vous de tous

ces moyens liés, en faisceau que je vous ai proposés pour atteindre ce but si élevé, mais si souhaitable ?

Ne vous semble-t-il pas qu'ils saisissent l'homme tout entier, qu'ils stimulent, qu'ils électrisent les fibres les plus délicates et les plus vibrantes du cœur humain? Que pensez-vous de cette action forte, générale, qui domine et enveloppe tous les travailleurs à la fois, comme un vaste réseau dans lequel ils ne tarderont pas à être bien aises de se trouver pris? La gloire nourrit les arts, a dit un ancien : *honos alit artes*. Une flamme occulte, pénétrante, embrasera les esprits d'une commune, aiguisera les amours-propres, détendra les natures les plus raides, allumera les rivalités et les guerres d'émulation, enflammera les courages et doublera les forces. On fera faire de l'argent au luxe et au cabaret pour prêter au champ ; la paix des familles et la morale publique n'y perdront rien ; le socialisme seul pourra y perdre quelques soldats.

On fera savoir à l'ignorant ce qu'il ne savait pas et faire ce qu'il ne faisait pas ; il s'instruira par l'exemple des plus intelligents, qui entreront les premiers dans la voie des améliorations ; l'ignorant le plus obtus ou le plus obstiné entendra dire, verra faire ; il saura, quand il ne voudrait pas savoir. Le routinier, l'entêté routinier, sera arraché de sa vieille ornière par le courant électrique ; bon gré, mal gré, il lui faudra suivre l'irrésistible mouvement qui se fait autour de lui. Nul ne sera plus maître de sa propre volonté ; il faudra faire sous peine de honte.

Notre triomphe, Messieurs, est dans les premiers essais, et le sentiment d'honneur s'en charge. Ce n'est pas le Français qui est ladre et rétif à l'endroit de l'honneur. Vous le savez bien, le Français peut dormir quelquefois sur ses intérêts ; mais il est toujours éveillé quand on lui parle de gloire. Daignez le croire, Messieurs, il y a de grands cœurs sous ces vêtements de bure ; non, le sang du vieux Franc n'est pas entièrement dégénéré. Le dirai-je, Messieurs ? le Français a une nature vaniteuse, et la fausse interprétation du sentiment de l'honneur, souvent portée jusqu'à l'abus, lui fait faire beaucoup de sottises.

Un second mobile, qui ne tardera pas à se joindre à nous et à nous seconder puissamment, c'est *l'intérêt.* Bientôt nos cultivateurs admireront comment leurs champs, naguère stériles, se couvrent de riches moissons, et comment leurs malingres plantations, qui languissaient dans leurs sables et leurs roches, poussent aussi vigoureusement que dans les meilleures terres. Les landes produisent le blé, le vin, la soie, la garance ; on fauche cinq fois la luzerne dans les plus mauvais pâtis ; les greniers, autrefois vides, se remplissent de grains, et les bourses d'argent ; tel qui achetait de tout vend de tout ; partout l'abondance remplace la misère. De tous les arguments, Messieurs, le bien-être est celui qui persuade le mieux.

Comparant leur état passé à leur état présent, ils seront de plus en plus pénétrés de la vérité de ces paroles si pleines de sens que le laboureur mourant adresse à ses enfants :

> Travaillez, prenez de la peine,
> C'est le fonds qui manque le moins.
> . . . .
> Un trésor est caché dedans ;
> Je ne sais pas l'endroit, mais un peu de courage
> Vous le fera trouver, vous en viendrez à bout ;
> Remuez votre champ dès qu'on aura fait l'août :
> Creusez, bêchez, ne laissez nulle place
> Où la main ne passe et repasse.
> Le père mort, les fils vous retournent le champ
> De çà, de là, partout, si bien qu'au bout de l'an
> Il en rapporta davantage.
> (LA FONTAINE.)

Alors, Messieurs, ces bons habitants de nos campagnes, qui se seront montrés dociles à nos conseils, nous béniront de leur avoir ouvert ces voies nouvelles et de leur avoir fait comprendre

> Que le travail est un trésor.
> (LA FONTAINE.)

Les retardataires, témoins confus et jaloux de la prospérité de leurs voisins, seront entraînés par leur exemple, feront comme eux et n'auront d'autre regret que celui d'avoir commencé trop tard.

Et notre œuvre sera consommée!!!

La défaveur!... Mais, Messieurs, la défaveur pourrait-elle encore subsister longtemps? Et qui donc osera désormais mépriser la première et la plus utile des professions, lorsqu'on verra le Gouvernement déployer tant de sollicitude pour la faire prospérer et tant de pompe pour l'honorer? Qui osera encore jeter le mot piquant à notre modeste laboureur, lorsque des savants et des hommes d'honneur se mêlent à sa cause, et qu'ils placent une couronne sur son front ridé de fatigues, mais radieux de mérite, de suffrages et de triomphe? Et, si cela arrivait, j'affirme hardiment que, fort de l'opinion des gens sensés et des applaudissements publics, il braverait fièrement l'insolence de l'insolent.

Quel sera encore le cultivateur judicieux qui se laissera éblouir et amorcer par l'éclat si fallacieux des autres professions, lorsqu'il trouvera dans la condition où il est né tout ce qu'il faut à un homme raisonnable pendant cette courte vie: *honneur et bien-être?*

Quel sera encore le père de famille, qui aura un peu d'expérience et de maturité, et qui, content lui-même de sa profession, et voyant les mécomptes de tant d'autres, voudra se pressurer, se ruiner pour faire élever ses enfants dans les colléges, et les envoyer courir ensuite les hasards si périlleux d'une fortune qu'il peut leur donner meilleure, plus sûre surtout, auprès de lui, sans rien perdre de son aisance, bien plus, en accroissant la richesse de sa maison?

Donc, Messieurs, cette manie formicante, fébrile, funeste, qui tourmente nos populations rurales et qui les pousse hors de leur condition originelle, sera guérie, ou tout au moins bien mitigée.

Donc, les bras resteront attachés au sol.

4

A côté de ce résultat matériel, nous aurons peut-être la consolation de voir un résultat moral. Les lauréats, fussent-ils dépravés jusque là, voyant que leur travail leur a fait faire alliance avec la gloire, rougiront vraisemblablement de déshonorer un nom couronné et de ternir l'éclat de la palme qui les relève aux yeux de leurs concitoyens. Quoi! une couronne et des mœurs dissolues! des écarts scandaleux et une glorification publique! ce sont des choses trop disparates et trop choquantes pour marcher ensemble... Or, Messieurs, ces réflexions sont à la portée du sens le plus vulgaire.

Ainsi, un travail moral se fera dans leur esprit et tempèrera l'empire plus ou moins violent des mauvaises habitudes, au moins en ce qu'elles ont de plus saillant et de plus hideux. Qui sait? ils prendront peut-être ce jour de félicité pour une amnistie de leur passé et une réhabilitation dans l'opinion publique; leur àme lâche, dissolue, deviendra plus mâle, plus retenue, et ils entreront peu à peu dans les voies de la résolution et de l'amendement. Vous connaissez le cœur humain; ne pourrait-il pas procéder ainsi?

Enfin, Messieurs, quel jugement portez-vous sur cette prime de vertu offerte au père, à la mère, au jeune homme, à la jeune fille qui se seront distingués entre tous par leur bonne conduite? N'est-ce pas un encouragement donné à tous les pères, à toutes les mères, à tous les jeunes gens et à toutes les jeunes filles? Partant, n'est-ce pas saisir et enlacer dans le même nœud la famille, la commune, le canton, la nation?

Pour moi, Messieurs, j'ai la conviction de sa haute portée morale; toutefois, je ne vous la propose qu'avec cette timidité qu'inspire une nouveauté. Cependant, il faut tout dire, les vices des gros centres ont débordé comme un torrent fangeux sur les mœurs jadis si simples, si vertueuses et si bonnes de nos campagnes, en ont empoisonné l'esprit et perverti les habitudes. C'est, si vous le voulez, un autre déluge qui a inondé les plus hautes montagnes. Ici, Messieurs, je ne peux tenir deux mots qui m'échappent presque malgré moi : *mauvais livres* et *colportage.*

L'immoralité, Messieurs, énerve les bras, et la débauche retranche beaucoup d'heures et de jours sur le travail dans le courant de l'année ; le luxe appauvrit les champs et démolit les maisons ; la mauvaise foi est flagrante ; partout et à propos de rien elle engendre des procès. Jamais tant de banqueroutes, jamais tant d'expropriations ; le cœur de l'homme de bien en est attristé. Ne croyons pas, Messieurs, que toutes soient dues au malheur ; je suis persuadé que si on en analysait bien les véritables causes, on reconnaîtrait, à travers leurs humiliantes péripéties, que plus de la moitié ont pris naissance dans une âme tarée. La source est impure, purifions la source.

Je ne charge pas davantage mon tableau ; vous connaissez tous notre situation morale et les fléaux qui en résultent pour l'agriculture.

Que l'on dise, Messieurs, que l'on ne dise pas, la *nécessité* est là ; on peut faire quelque chose au point de vue moral, et ce qu'on fera au point de vue moral profitera au point de vue temporel. L'agriculture souffre toujours des écarts des cultivateurs, et, par une raison contraire, elle gagne toujours à leurs habitudes bien réglées.

> **Le Ciel comble de biens le *sage* agriculteur.**
> (Rigaud.)

Ce vers si vrai mériterait d'être gravé sur la porte de toutes les fermes, et surtout dans le cœur de tous leurs habitants.

Or, Messieurs, si la mesure que je propose ne fait pas tout, elle fera du moins beaucoup, et jamais tout ne se fait à la fois.

Cette rémunération solennelle imprimera un sceau de vénération sur la famille qui l'aura méritée ; elle sera comme une auréole qui fera resplendir ce nom ; elle sera gardée avec une sorte de culte dans la maison, mieux qu'un tableau de famille, mieux qu'une terre, autant presque que la vie !... Si j'osais comparer les Chrétiens aux Païens, je vous dirais qu'elle sera le Pénate, la divinité du foyer ; et cette chère idole, toute muette qu'elle sera, aura à chaque heure des accents d'une magique éloquence. Elle sera comme une barrière protectrice qui empêchera toute la famille de tomber ; car il semblera avec raison à tous ses membres et au public qu'une maison qui a reçu le prix de la vertu ne doit jamais plus faillir à la vertu.

L'ignorante multitude, qui flotte sans principes arrêtés entre le bien et le mal, et qui se conduit par les yeux, si je peux parler ainsi, prendra instinctivement cette famille honorée pour sa boussole, sa règle et son modèle ; elle sera dans son esprit comme un type sur lequel on doit se mouler, ou du moins dont on doit se rapprocher le plus possible.

Le méchant éhonté verra là un trophée qu'il ne peut pas avilir ; sa mauvaise langue sera paralysée ; il s'inclinera de respect comme les autres et se condamnera tout bas. Le méchant, moins audacieux, y trouvera une leçon, un remords, une résolution, et peut-etre plus tard son retour au bien.

Aux yeux de la société, cet hommage rendu publiquement à la vertu sera un démenti éclatant donné au vice, et une haute protestation contre le relâchemen de notre époque ; et, pour ce que nous avons encore d'âmes droites, ce sera un bouclier, une consolation, une récompense, un encouragement.

De même que la glorification du mal abaisse et finit par éteindre le sens moral, exalte les mauvais instincts et pousse les hommes à mal faire, de même la glorification du bien refroidit l'ardeur des mauvais penchants, réveille, renforce les sentiments honnêtes et incite l'homme à bien faire.

Si ce que je dis ici avait besoin de développement,

j'invoquerais ce que vous connaissez mieux que moi, j'invoquerais l'histoire ; je vous citerais certains règnes, certaines périodes de gloire ou d'infamie, et au moyen de ces arguments de fait, je vous démontrerais que toutes les fois qu'un souverain s'est assis sur le trône d'une nation, lorsque surtout il a régné un peu long-temps, il lui a infiltré ses vertus ou ses vices, et toujours plus facilement ses vices que ses vertus. Vous connaissez le fameux adage : *Regis ad exemplum.*

Voyez nos bourgs et nos petits villages : lorsque nous avons le bonheur d'y avoir de ces maisons apparentes, vénérables par leurs vertus, les populations participent de leur esprit, de leur éducation, de leur moralité, de leur bienfaisance, en un mot de leurs bons principes et de leurs bons sentiments, et nous trouvons alors chez elles des mœurs plus douces, plus avenantes et plus morales. Dans les cas contraires, nous trouvons le contraire :

Le marbre parle aux yeux, l'exemple parle au cœur.

(....)

Imiter est dans la nature, dit Laharpe. Oui, Messieurs, nous sommes naturellement imitateurs ; nous copions et nous nous assimilons, sans nous en douter, les traits des tableaux que nous avons devant les yeux ; c'est le miroir qui reproduit l'image. Donc, Messieurs, plus nous mettrons le bien en relief et en honneur, et plus nous déposerons de germes de bien dans l'âme des peuples.

Quoi ! Messieurs, le paganisme se groupait autour de la vertu pour la défendre ; Sparte chasse Archiloque ; Athènes chasse Pythagore ; Rome chasse ses philosophes comme corrupteurs des croyances et des mœurs publiques ; et nous, Messieurs, nous, peuple enfant de l'Evangile, nous l'abandonnerions lâchement aux séductions du temps et à l'incroyable fragilité humaine comme une chose sans valeur dont nous pouvons très-bien nous passer ! Nous serions plus païens que les païens, et cette première défaillance serait le symptôme d'un évanouissement prochain.

Mânes des anciens Sages, levez-vous, et venez nous redire avec vos mâles accents ces paroles mémorables que notre siècle a oubliées : « Que d'autres possèdent les richesses ; pour nous, ayons la vertu (1). »

Messieurs, le cyclope sommeille..... Les cheveux de Samson repoussent...

Prévenez le mal en allant au devant.
(LENOBLE.)

CONCLUSION.

Messieurs, toutes les sources de l'alimentation publique sont attaquées et tarissent ; toutes sont attaquées à la fois, mais chacune l'est à sa manière, et de telle sorte que toujours la science et le pouvoir de l'homme sont en défaut. Messieurs, cela sent le fléau.

Une disette générale de subsistances semble nous poursuivre depuis quelques années à pas lents et gradués ; mais sa marche est maintenant visible aux plus aveugles. Je vois deux moyens de conjurer une calamité pareille, mais je n'en vois que deux : par le retour des cœurs à Dieu et par un nerveux élan donné à l'agriculture. Je prends le premier dans la foi, et le second dans la prudence humaine.

Or, Messieurs, veuillez bien vous le persuader, nos campagnes, ignorantes, insouciantes, froides, découragées, routinières, indociles, vicieuses même jusqu'à ce jour, transportées tout-à-coup sous l'empire des mesures que j'ai eu l'honneur de vous exposer, régulariseront leur vie, épureront leurs mœurs, chercheront à s'instruire dans le perfectionnement de leur art, grandiront d'année en année en connaissances et en

____

(1) Alii sibi divitias habeant, nos virtutem. (SOLON et PLATON.)

courage, aimeront davantage leur profession, quitteront cette allure indolente que nous déplorons, feront des essais, des efforts, des prodiges, *l'impossible;* et si l'application en devenait générale, l'esprit de l'homme peut calculer qu'en dix ans la France aurait bouleversé, transformé son sol, et peut-être doublé ses produits.

Je suis heureux, Messieurs, d'avoir à vous remercier dev otre attention si patiente et si soutenue. Je serais bien plus heureux encore de votre unanime approbation